枕边 深睡眠蓝宝书

枕出好颈椎 享受深睡眠

主编 彭志平 李兴旺

首都经济贸易大学出版社

Capital University of Economics and Business Press

·北 京·

图书在版编目（CIP）数据

枕边深睡眠蓝宝书：枕出好颈椎，享受深睡眠/ 彭志平，李兴旺主编. --北京：首都经济贸易大学出版社，2020.6

ISBN 978-7-5638-3076-3

Ⅰ.①枕… Ⅱ.①彭… ②李… Ⅲ.①床上用品—关系—睡眠—普及读物 Ⅳ.①Q428-49

中国版本图书馆 CIP 数据核字（2020）第 058534 号

枕边深睡眠蓝宝书：枕出好颈椎，享受深睡眠
Zhenbian Shenshuimian Lanbaoshu：
Zhenchu Haojingzhui，Xiangshou Shenshuimian
彭志平 李兴旺 主编

责任编辑　浩　南
封面设计　风得信·阿东
　　　　　FondesyDesign
出版发行　首都经济贸易大学出版社
地　　址　北京市朝阳区红庙（邮编100026）
电　　话　（010）65976483　65065761　65071505（传真）
网　　址　http://www.sjmcb.com
E- mail　publish@cueb.edu.cn
经　　销　全国新华书店
照　　排　北京砚祥志远激光照排技术有限公司
印　　刷　北京建宏印刷有限公司
开　　本　850 毫米×1168 毫米　1/32
字　　数　154 千字
印　　张　6
版　　次　2020 年 6 月第 1 版　2022 年 1 月第 2 次印刷
书　　号　ISBN 978-7-5638-3076-3
定　　价　30.00 元

编　委　会

主　编：彭志平　李兴旺

副主编：袁红星　张裕龙

编　委：(按姓首字母排名)

陈海旭　高　欣　何志伟

林永飞　刘　毅　梅晓丽

史成金　王　菲　袁文亮

张姝媛　周海波

江苏金太阳纺织科技股份有限公司"每晚深睡"研究所

前　言
PREFACE

　　睡眠是一个被许多人忽视同时又被许多人关注的话题，无论你关心它与否，它每天都会伴随着你，不离不弃。睡眠是生命的必需品，人生三分之一的时间是在睡眠中度过的。每天陪伴我们最多的是枕头，夜间当大多数人在枕上编织人生美梦的时候，也有人在辗转反侧，夜不能寐，忍受失眠的煎熬。所以睡眠是某些人的爱，也是某些人的痛。

　　自古至今，人类对睡觉这件事充满了好奇，可惜直到今天也没能完全明白。早在几千年前，我们的祖先就认为睡眠—觉醒与天地阴阳之自然规律息息相关，人是天地造物的结果，也是自然的组成部分，谁离天地越近，谁就能更多地获得天地阴阳的滋养，符合自然才能融于自然，否则就会被自然淘汰。俗话说，"日求三餐，夜求一宿""日出而作，日落而息"，足见古人对睡眠的重视程度。早期西方人把睡眠当成上帝和神灵赐给人类的福音。夜晚降临前，犹太人就祷告："我尊敬的主啊，您赐福吧！让睡眠降临我的双眼，使微睡轻拂我的眼睑。主啊，我的上帝，我的神灵！请您旨意，允许我安心躺下，允许我能安心地重新站起。"

　　然而人类真正在睡眠认识上获得突破始于20世纪，并且对睡眠的认识正越来越深入。从脑电图的发现到多导睡眠图的发明，为睡眠医学的发展奠定了基础，随后快速眼动睡眠、慢波睡眠、异相睡眠理论相继提出，继而生物钟和褪黑激素理论得以建立和完善。2017年的诺贝尔生理学或医学奖颁给了生物钟的研究者，以奖励其对睡眠医学的贡献。尽管近一个世纪以来人类在睡眠的研究中取得了突破性进展，然而睡眠领域仍有许多未解之谜，需要进一步的探索和开拓。

尽管睡眠医学研究在不断深入和发展，现代人的睡眠状况却不容乐观，睡眠质量差是目前全球健康的大敌。美国梅奥医疗集团睡眠中心主任医师蒂姆博士指出：在全球有30%~35%的人有过短暂失眠的经历，而10%的人患有慢性失眠。我国也是一个"缺觉"的国家，中国睡眠研究会调查发现，中国内地成年人中失眠患病率高达57%，65%的上班族存在睡眠障碍。对于我们现代人来说，最奢求的事就是"好好睡一觉""每晚做个美梦"。

"美梦始于你的枕头"，这句话正是该书的主题所在。枕头是每天陪伴我们时间最长的寝具，我们每天和它"肌肤相亲""耳鬓厮磨"，枕头的舒适与否很大程度上决定了睡眠质量的好坏。本书也正是从"枕头"与"深睡眠"的关系这个独特的视角展开研究，阐述枕头和睡眠质量的关系的。不同于其他睡眠科普书籍的常规编写套路，本书内容新颖、视角独特、通俗易懂，兼具专业和科普属性，适合不同文化程度和不同年龄层次的读者，具有亲和力强、接地气、生活化的特点，这也是我们编写组的初心所在。

　　本书是由中国睡眠研究会科普部彭志平主任和民航总医院睡眠中心李兴旺主任医师牵头策划，组织中西医睡眠医学临床医师及专家以及枕头及寝具开发及研制专家共同编写的，历时两年。本书包括五个章节和附录。第一章睡眠医学与健康（编者：李兴旺、刘毅），阐述睡眠医学与健康的科普知识，涵盖睡眠医学简史、睡眠与健康的关系、睡眠宜忌、睡眠时相及睡眠技巧等相关知识。第二章把颈椎病给"睡"走（编者：袁文亮、张姝媛、王菲、周海波），阐述颈椎康复、中医对枕具的研究及颈椎康复枕的功能及使用等相关知识。第三章枕具（编者：史成金、陈海旭、张姝媛、王菲、梅晓丽、林永飞、高欣、彭志平），介绍了枕具的文化渊源、历史发展、功能演变等，并且贴心地指导不同人群挑选适合自己的枕具。第四章床具（编者：史成金、高欣），介绍了床具的历史与发展及智能床具的使用，探讨如何更好地打造好睡眠。第五章营造轻松入眠好环境（编者：袁红星、李兴旺），是对睡眠环境的打造以及睡眠微环境的构建方面的介绍，让我们的睡眠环境更健康，更好地服务于睡眠。附录常见睡眠疾病科普（编者：彭志平、张裕龙、何志伟），是关于常见睡眠疾病的科普介绍，重点介绍失眠和打鼾，这也是老百姓普遍关心的两种疾病，同时介绍什么是睡眠好习惯。整部书内容丰富，涵盖面广，从睡眠环境到睡眠寝具以及智能睡具都有详细的介绍分析，读者可依据自己的需求和兴趣阅读。

在此感谢本书创作过程中各位作者及编委的努力和付出，特别感谢在本书出版和发行过程中给予帮助和支持的企业和机构：北京美梦小镇科技有限公司、江苏金太阳纺织科技股份有限公司"每晚深睡"研究所、南通觅睡方家居科技有限公司、江苏康乃馨纺织科技有限公司、平康乐（北京）科技发展有限公司、北京成瑞达医疗科技有限公司、鲁南贝特制药有限公司、北京东方立朗科技有限公司。感谢首都经济贸易大学出版社对本书出版给予的帮助与支持！

由于时间仓促，作者学术水平有限，本书内容难免存在错误和遗漏，欢迎广大读者批评指正，也欢迎广大读者通过各种渠道与我们互动和交流。

祝大家天天深睡眠、夜夜好梦相伴！

目 录

CONTENTS

第一章
睡眠医学与健康

第一节　睡眠的含义与重要性

1. 人为什么要睡觉

　　普通人一生中做得最多的事是什么？答案是睡眠。睡眠占人的生命时光的三分之一。而正是这三分之一的时光为我们提供了充沛的精力来学习、工作和生活。睡眠作为生命所必需的过程，是机体复原、整合和巩固记忆的重要环节，是健康不可缺少的组成部分，就像生命离不开空气和水一样。健康人一周不吃饭能够存活，但三天不睡觉就会坐立不安、情绪不稳、记忆力减退，甚至出现精神症状，难以维持正常生活，五天不睡觉就可能会丧失生命，所以睡眠对每个人来讲都是不可或缺的。国际精神卫生组织主办的"全球睡眠和健康计划"于 2001 年发起了一项全球性的活动，将每年的 3 月 21 日定为"世界睡眠日"，以引起人们对睡眠的重视。

小贴士

近年来中国"世界睡眠日"的主题

2010 年：关注儿童睡眠 多睡一小时

2011 年：关注老人睡眠 多睡一小时

2012 年：关注睡眠品质 多睡一小时

2013 年：关注睡眠 关注心脏

2014 年：健康睡眠 平安出行

2015 年：健康心理 良好睡眠

2016 年：美好睡眠 放飞梦想

2017 年：健康睡眠 远离慢病

2018 年：规律作息 健康睡眠

2019 年：健康睡眠 益智护脑

2020 年：良好睡眠 健康中国

2. 谁偷走了我们的睡眠

睡眠对我们人类如此重要，可是，我们却经常忽视睡眠问题的存在，现代人越来越多地受到睡眠不足的困扰。现代社会经济发达，技术进步，可是我们的睡眠时间却越来越少，睡眠质量越来越差，因睡眠障碍引起的各种疾病时时困扰着我们的健康。那么，是谁偷走了我们的睡眠？为了找出困扰睡眠的元凶，让我们重新认识一下天天陪伴我们的老朋友——睡眠，回顾一下人类研究睡眠的历史，东方和西方以及古人和现代人对于睡眠的认识历程，睡眠给我们带来的益处，睡眠不足的害处，各种睡眠障碍给人类健康带来的危害，以及怎样才能睡得更好。

第二节　　睡眠研究的历史与现状

人类早在几千年前就开始对睡觉这件事产生了好奇，可惜的是，直到今天人类也没能完全弄明白。下面我们回顾一下人类睡眠研究的演变和过程。

1. 为什么说睡眠和觉醒伴随着人类的产生和进化

据推测，大约 5 亿年前，生物体内的稳态机制就已形成。人类诞生后，这一机制就伴随着人类睡眠和觉醒的交替变换，避免人类长期处于觉醒状态。也就是说，睡眠与我们人类息息相关、相伴而行。这种周期性睡眠觉醒的生物钟调节着人类入睡和觉醒的生物活动。最近一个世纪以来，科学家相继发现了人体脑电活动、中枢睡眠—觉醒系统功能、生物钟对生物节律的调节以及快速眼动睡眠等睡眠科学现象，睡眠便不再只是诗人和哲学家们感兴趣的现象，对睡眠的科学探索取得了巨大进展。然而，睡眠医学真正崛起是在 20 世纪 60 年代以后。

2. 古代东方人怎么看睡眠

我们的祖先认为，睡眠—觉醒与天地阴阳之自然规律息息相关。人生天地之间，一切生命活动都与大自然关系密切，人是天地造物的结果，也是自然的组成部分，谁离天地越近，谁就能更多地获得天地阴阳的滋养，符合自然才能融于自然，否则就会被自然淘汰。战国时期《晏子春秋》、庄子《齐物论》及《黄帝内经·素问》等著作中也都有关于睡眠、失眠与梦的论述。这其中流传最广泛的是"睡眠—觉醒与天地阴阳学说"：阴阳是天地、人生之大道，"天有阴阳，地亦有阴阳""人生有形，不离阴阳"，睡眠（阴）与觉醒（阳）的交替循环，是人的生命活动中最典型的阴阳节律之一。吴瑭《温病条辨·下焦篇》提道"阳入于阴则寐，阳出于阴则寤"，睡眠与觉醒为阴阳变化的两种机能状态，使阴阳二者对立又统一，交替进行，这样人们就有作有息，有劳有逸，有张有弛，"一阴一阳谓之道"，以此维持基本的生命活动。可见，自古以来，人类就非常重视起居对人体的保健作用。人的一生有三分之一的时间是在睡眠中度过的，睡眠除了能消除疲劳和调节人体各种机能活动外，还能使人的精、气、神三宝得以内存和补充。俗话说"日求三餐，夜求一宿"，足见古人对睡眠的重视程度。

3. 古代西方人怎么看睡眠

早期犹太人把睡眠当成是上帝和神灵赐给人类的福音。每当夜晚降临前，犹太人就祷告："我尊敬的主啊，您赐福吧！让睡眠降临我的双眼，使微睡轻拂我的眼睑。

主啊，我的上帝，我的神灵！请您旨意，允许我安心躺下，允许我能安心地重新站起。"古希腊柏拉图、亚里士多德等哲学家、医学家，对睡眠—觉醒的起因曾有过各种各样的讨论，从而产生了多种睡眠理论。比如，公元前6世纪的奥尔科玛伊的血液流动理论认为，入睡是血液从皮肤流到身体内部，而醒来则是血液又从身体内部流回皮肤；亚里士多德的"胃里蒸汽学说"认为，食物在胃里消化时产生高热的蒸汽，当蒸汽冷却，心也冷却降温，心是身体感觉的中心，这样就引起了睡眠；而柏拉图和希腊医生盖伦等与亚里士多德的观点不同，他们认为身体感觉的中心是脑而不是心，胃里的蒸汽上升到脑，脑的冷却使孔道阻塞，是引起睡眠的主要原因。

4. 近代睡眠研究有哪些重大发现

近一个世纪以来，人类睡眠研究出现了几次重大突破，人类对睡眠的认识越来越深入。

（1）脑电活动的发现

在脑电图发明之前，人们研究睡眠是用记录床动或等待石块从受试者手中掉落，来判断受试者是否入睡的。直到18世纪末意大利科学家卢吉·伽伐尼证实神经表面存在电位差，随后英国生理学家理查德·卡顿和波兰人阿道夫·贝克两人先后在动物脑表面记录到自发放电。50年后，德国精神病学家汉斯·伯杰首次用脑电图记录人的脑电活动，判断睡眠和觉醒状态，从而为睡眠研究开辟了新的途径。

（2）快速眼动睡眠的提出

20世纪20年代，被誉为"现代睡眠研究之父"的纳撒尼尔·克莱特曼在芝加哥大学任生理学助理教授期间，建立了世界上第一个睡眠实验室。他在1939年出版了《睡眠与觉醒》一书，该书成为当时睡眠研究者的"圣经"。1951年克莱特曼和他的博士研究生尤金·阿瑟林斯基及威廉·德门特组成了睡眠领域中第一个研究小组，他们观察到一个有趣的现象，受试者某段睡眠期间眼球出现快速运动，还发现婴儿白天有许多睡眠时段眼球在迅速转动，他们把这种睡眠时段称为"快速眼动睡眠"，并将该发现发表在1953年美国《科学》杂志上，提出睡眠存在"快速眼动睡眠和非快速眼动睡眠"两种不同的状态。他们还发现，将受试者从快速眼动睡眠状态唤醒，受试者能清楚地记得梦的内容，所以该睡眠状态也被称作"有梦睡眠"，快速眼动睡眠时呼吸频率、血压和脉搏极不规则，与梦境有关。快速眼动睡眠的提出成为现代睡眠研究的奠基石。

（3）多导睡眠图技术的发明

1957年，德门特和克莱特曼把在人体同时记录到的脑电图、肌电图和眼动图合称为"睡眠脑电图"。随着睡眠医学的发展，研究人员需要监测睡眠障碍病人的呼吸、心跳、气流和血氧等变化情况，这种加入多种指标的描记手法，被称为多导睡眠图。多导睡眠图是睡眠研究技术的历史性突破。

（4）异相睡眠的发现

1959 年，法国科学家在猫身上记录快速眼动睡眠时，发现猫的脑电非常活跃，但肌张力完全消失，于是将这种矛盾现象取名为异相睡眠，其发病机理与睡眠疾病如睡眠麻痹、发作性睡病及快速眼动睡眠行为障碍等直接相关。

（5）生物钟和褪黑素的发现

早在 1729 年，科学家就发现含羞草的叶片具有白天张开、夜间闭合的现象，如果把含羞草移入完全黑暗的屋子中，其叶片依然如同在光亮和黑暗交替的环境中一样，继续其张开和闭合的运动。这是首次在植物中证明光/暗24 小时交替的生理节律。一百多年后，又有人观察，把含羞草置于完全黑暗的实验条件下，其叶片每天都是提早2~3 小时张开，说明叶片 24 小时运动节律与外界环境无关，而是源于植物自身，但周期短于 24 小时。20 世纪后半叶，科学家进行了在"无时间环境"中的睡眠试验，受试者生活在离地表 31 米左右的洞穴中，与外界完全隔离，消除各种影响，包括光亮和黑暗的交替、温度和湿度的变化、磁场的影响以及社会生活的各种刺激，造成"无时间环境"。受试者连续居住数周或数月，享有完全支配时间的自由，不用恪守闹钟，由自己决定开灯创造白天，关灯制造黑夜，选择用餐时间，要求每天记录自己的入睡和起床时间。结果发现，被隔离的受试者睡眠—觉醒周期依然保持和以前一样，不过进入洞穴 1~2 天以后，试验者的睡眠—觉醒周期时间都会延长，均超过 24 小时，从而推断人类的睡眠—觉醒节律亦是来源于身体内部而不是外部环境，由体内自身的时钟即"生物钟"所决定。但在自然条件下，生物钟必须与地球物理学的太阳钟（24 小时）保持同步，每天清晨生物钟要进行自我调整，才能使得生物钟和太阳钟协调一致。人体内的松果体作为一个换能器接受光—暗的变化转换成褪黑素，褪黑素在光和生物钟之间起着中介作用，褪黑素的分泌紊乱与睡眠紊乱之间存在密切关系。

（6）生物钟和诺贝尔生理学或医学奖

2017 年诺贝尔生理学或医学奖颁给了研究生物钟的杰弗理·霍尔、迈克尔·罗斯巴什和迈克尔·杨，三人的工作探索了生物钟的秘密，并解释了其工作原理。地球上所有生命体包括人类在内，都有一个内部的生物钟，通过生物钟来让生命体适应昼夜变换，找到生命的节奏，适应地球的自转。但这个生物钟是如何工作的？科学家的研究成果回答了这个问题，解释了植物、动物以及人类是如何适应这种生物节律，并同时与地球的自转保持同步的。

（7）睡眠医学的发展

在上述睡眠基础理论和实验研究取得进展的基础上，临床睡眠障碍病例开始被认识。

1959 年，美国纽约的费希尔医生第一次发现发作性睡病病人，多导睡眠图描记显示，病人入睡后立即出现

REM 睡眠特征，即"始发性 REM 睡眠发作"。

1963 年，美国斯坦福大学以德门特为首的睡眠研究中心对发作性睡病进行了探索和研究，并取得突出成就。

1965 年，法国和德国首先报道了睡眠呼吸暂停病例。

1972 年，法国的神经科学家和精神病学专家格力米纳特赴斯坦福大学睡眠研究中心与美国同行共同研究睡眠呼吸暂停综合征（Sleep Apnea Syndrome，SAS），此后，SAS 临床研究在世界范围内迅速推广和普及，带动了全世界睡眠医学的兴起。

1975 年，在法国召开了第一场国际发作性睡病专题会议，接着又在英国举办了第一场睡眠生理研究的国际会议。频繁的国际、洲际及各国的学术交流会议对推动世界睡眠医学蓬勃发展起到了积极作用。

1987 年，国际睡眠研究会联盟（WFSRS）成立，现更名为国际睡眠研究及睡眠医学会联盟（WFSRSMS）。

2004 年，世界睡眠医学联合会（WASM）成立。

2005 年，美国出版了第四版《睡眠医学原理与实践》和第二版《国际睡眠障碍分类》，两部著作囊括了睡眠医学领域中的最新进展，对睡眠医学专业人员和一般医学专家均具有很重要的指导意义和实用价值。第二版《国际睡眠障碍分类》中列出的睡眠障碍性疾患达 90 余种，其中与许多躯体疾病、精神心理疾病、心脑功能障碍等学科密切相关。

（8）现代实验研究中关于睡眠的分期

Ⅰ．入睡期（非快速眼动期睡眠1期，或称A期）。

Ⅱ．浅睡期（非快速眼动期睡眠2期，或称B期）。

Ⅲ．中等深度睡眠期（非快速眼动期睡眠3期，或称C期）。

Ⅳ．深度睡眠期（非快速眼动期睡眠4期，或称D期）。

Ⅴ．异相睡眠期（快速眼动期睡眠，或称E期）：此期心率增快，脉搏、脑血流、代谢增加，血压和温度升高，呼吸不规则。此期睡眠最难唤醒，持续时间约20分钟，而后又按B→C→D→E期顺序，反复交替。

Ⅰ、Ⅱ期易被唤醒，Ⅲ、Ⅳ期处于熟睡状态。睡眠又可分为慢波睡眠（A、B、C、D期）和快波睡眠（E期），开始入睡是慢波睡眠，大约持续90分钟，然后转入快波睡眠，持续15~30分钟（平均20分钟），睡眠过程中两者多次交替，二者交替一次称一个睡眠周期，一夜有四五个睡眠周期。

🖊 小贴士

夜间醒来又重新入睡，是不是失眠了

睡眠本身是一个周期性和规律性的过程：从清醒到浅睡再到深睡，是非快速眼动睡眠，然后进入快速眼动睡眠，梦境在快速眼动期出现，做梦是正常的生理现象。夜间醒来又入睡是又一个睡眠周期的开始，每晚要发生数个

周期，是正常的，并不是失眠，不必担心。

第三节　睡眠与健康的关系

1. 良好睡眠的作用有哪些

（1）消除疲劳和恢复体力

消除疲劳最好的方式就是良好的睡眠，没有任何其他方式能够代替睡眠。良好的睡眠使我们精神焕发、精力充沛；相反，睡眠不足会让我们感到疲乏无力、体力不支。

（2）促进儿童的大脑发育

儿童的生长发育，尤其大脑的发育和睡眠密切相关。婴幼儿出生后相当长一段时间大脑的发育离不开睡眠，并且睡眠中血浆内的生长激素可以连续数小时保持较高水平，所以儿童也是在睡眠状态下快速生长的，因此充足的睡眠才能保证儿童的生长发育。

（3）提高记忆力及恢复脑功能

研究表明，睡眠不足会出现精神萎靡、烦躁、情绪激动、注意力不集中、记忆力减退等状况，使人不能正常完成工作。严重睡眠不足会导致人体出现幻觉、幻视等精神症状。而睡眠充足者会精力充沛、精神饱满、思维敏捷、工作效率高。

（4）增强机体免疫力

人体抵御外界微生物侵入的免疫反应包括细胞免疫和体液免疫，通过这些免疫反应对入侵的各种抗原物质或微生物产生抗体或免疫细胞，保护人体健康。良好的睡眠能够增强机体产生抗体和免疫细胞的能力，从而增强机体抵抗力，预防各种疾病。

（5）延缓衰老，延年益寿

国内外的许多研究都表明，健康长寿的老年人都有一个良好和正常的睡眠习惯，并且饮食起居都很规律。

（6）有益于心理健康及情绪稳定

睡眠不足时人会注意力不集中、记忆力下降、烦躁不安、情绪激动，长期睡眠不佳的人会出现焦虑、抑郁等症状，甚至发展成焦虑症、抑郁症。而健康良好的睡眠会使人心理健康、情绪稳定。睡眠是治疗心理疾病的最佳药物。

（7）促进皮肤代谢，美容养颜

医学研究发现，睡眠能够促进皮肤新陈代谢：睡眠时皮肤血管开放，补充皮肤的营养和氧气，帮助皮肤排出各种废弃物。睡眠时生长激素分泌增加，能够促进皮肤新生和修复，可使皮肤保持细嫩和弹性，延缓皮肤衰老。另外，睡眠时人体抗氧化酶活性更高，能够清除自由基，保持皮肤年轻态。所以睡眠和美容息息相关。

2. 睡眠不足的危害有哪些

前面已列举睡眠对健康的各种益处，反之，长期睡眠障碍会引起各种健康问题，不仅可引起脑力（如记忆力、反应能力、注意力等）、体力、免疫力下降，还可能促发早衰，引起疾病，使情绪不稳（如烦躁、抑郁等），并可影响儿童及青少年的生长发育；睡眠障碍严重者会出现各种躯体疾病，断眠数日可引起死亡。长期睡眠不良会对人的许多方面产生影响，具体如下。

（1）对大脑思维和判断力的影响

大脑要保持思维清晰、准确判断、反应灵敏，人体必须要有充足和良好的睡眠。长期睡眠不足，大脑得不到充分休息，就会影响大脑的创造性思维和处理事物的能力。曾有一个有趣的科学实验，把 24 名大学生平均分成两组，对他们进行测验，结果两组成绩一样。然后，让一组学生一夜不睡觉，另一组正常睡眠，再进行测验。结果显示，非正常睡眠组学生的测验成绩远远低于正常睡眠组学生的成绩。由此可见，睡眠对大脑功能是有影响的。

（2）对生长发育的影响

儿童和青少年的生长发育除了受遗传、营养、锻炼等因素影响外，还与生长素的分泌有一定关系。生长素是下丘脑分泌的一种激素，能够促进骨骼、肌肉、脏器的发育。生长素的分泌与睡眠密切相关，在人熟睡后有一个大的分泌高峰,随后又有几个小的分泌高峰,而在非睡眠状态,生长素分泌减少。所以,儿童和青少年要保持充足的睡眠才能保证正常的生长和发育。

(3) 对皮肤健康的影响

人的皮肤之所以柔润而有光泽,是依靠皮下组织的毛细血管来提供充足的营养的。睡眠不足会引起皮肤毛细血管瘀滞,循环受阻,使得皮肤细胞得不到充足的营养,因而影响皮肤的新陈代谢,加速皮肤的老化,使皮肤颜色显得晦暗而苍白,尤其容易造成眼圈发黑,且易生皱纹。俗话说"每天睡得好,八十不见老",就是这个道理。

(4) 引发各种躯体疾病

经常睡眠不足的人,不仅会出现焦虑、抑郁等精神症状及心理疾患,还会出现机体免疫力降低,从而导致各种躯体疾病的发生。常见的有自主神经功能失调性疾病,如神经衰弱、胃肠功能紊乱、心脏神经官能症等。瑞典科学家发现,睡眠不足还会使血液中胆固醇含量增高,增加冠心病发生机会。还有研究发现,人体的细胞分裂多在睡眠中进行,睡眠不足或紊乱,会影响机体细胞的正常分裂,因此有可能产生细胞突变而导致恶性肿瘤的发生。

3. 怎样来判断睡眠质量的好坏,有何标准

(1) 主观标准

一般来说,好的睡眠质量应具备以下几个特点:

- 入睡快，在 10~15 分钟即可入睡。
- 睡眠深，不易惊醒，醒后 5 分钟又能入睡。
- 睡眠时无噩梦、惊梦等现象，猛醒后能很快忘记梦境。
- 起床后精神好，无疲劳感。
- 白天头脑清醒，工作效率高，不困倦。

（2）客观标准

国内外研究人群的睡眠质量及相关的生存质量多采用国际上通用的量表，常用的量表有：

- 匹兹堡睡眠质量指数量表（PSQI）。
- 世界卫生组织生存质量量表（WHOQO-100）。
- 世界卫生组织生存质量量表简表（WHOQOL-BREF）。
- 健康状况调查问卷（SF-36）。
- 欧洲生存质量测定表（EuroQOL）。
- 睡眠损伤指数量表（SII）。
- 生存质量指数量表（QLI）。

其中，EuroQOL、WHOQO-100 相对繁杂，很多病人不能完成问卷调查。PSQI 是伯伊斯等 1989 年编制的睡眠质量自评量表，因其简单易用，信度和效度高，与多导睡眠脑电图测试结果有较高的相关性，已成为国内外精神科、神经内科临床评定睡眠质量的常用量表。WHOQOL-BREF、SF-36、SII 也是国内外临床上观察失眠症患者睡眠质量和生存质量最常用的量表，已被证实具有良好的信度和效度。这几个量表可以从不同角度很好地反映患者的睡眠质量和生存质量，对失眠患者"睡眠质量及生存质量"的评价较为客观实用，是未来国内评价各种治疗失眠症疗效的重要工具与手段。

（3）脑电图标准

健康人除个体差异外，在一生中不同的年龄阶段，脑电图各有其特点，但就正常成人脑电图而言，其波形、波幅、频率和位相等都具有一定的特征和标准。临床上根据其频率的高低将波形分成以下四种：

● β波：频率在 13C/S 以上，波幅约为 δ 波的一半，额部及中央区最明显。

● α波：频率为 8～13C/S，波幅为 25～75μV，以顶枕部最明显，双侧大致同步，重复节律地出现 δ 波称 θ 节律。

● Φ波：频率为 4～7C/S，波幅为 20～40μV，是儿童的正常脑电活动，两侧对称，颞区多见。

● δ波：频率在 4C/S 以下，δ 节律主要在额区，是正常儿童的主要波率，单个和非局限性的小于 20μV 的 δ波是正常的，局灶性的 δ 波则为异常。δ 波和 β 波统称为慢波。

因儿童的脑组织正在不断发育与成熟之中，因此其正常脑电图也常因年龄增长而没有明确或严格的界限，具体内容很复杂，本书不做讲解，需要了解详情的读者，可以阅读更专业的睡眠书籍。

小贴士

晚上经常做梦，是不是没睡好

做梦是正常的生理现象，睡着后，大脑皮层还在活动就会产生梦境。每个人都会做梦，只是当醒来时有的人记住了，有的人没记住。无论做梦多少，只要醒来时没有疲劳感，身体和精神得到了充分的休息和恢复，就是睡好了。

第四节　影响睡眠质量的因素

1. 每个人的睡眠时长有何不同

睡眠时长存在个体差异，一般来说成人每天所需的睡眠时间为6~8小时，健康人中大约有10%的人睡4~5小时就够了，有15%的人睡眠超过8小时甚至更多。据说周恩来总理生前日理万机，每天睡眠4~5小时就够了，爱迪生、丘吉尔等也是如此，而德国诗人歌德有时竟连续睡24小时。由此可见，只要适合个人体质与习惯，短时睡眠并不代表不正常。另外，打盹也可补充睡眠。同时，睡眠时长也受到年龄、季节、睡眠环境及个体体质状况等因素的影响。

（1）睡眠时长与年龄有关

一般而言，年龄越小，睡眠时间越长，刚出生的婴儿每日需睡 16 小时以上，随着年龄增长，睡眠时间逐渐减少，青少年约需 8 小时；中年人以 6~8 小时为佳，成年以后每个人稳定在其特有的睡眠习惯上；一般进入老年期后，睡眠时间逐渐减少，70 岁左右睡眠时间为 6 个小时，70~80 岁，大约 5 个小时即可。专家认为，如果睡眠不实，可以适当多睡。如果成年人或老年人的睡眠多于 10 小时或少于 4 小时，则应考虑是否存在躯体疾病，需到医院做相关检查。

（2）睡眠时长与体质、性格等有关

据《内经》记载，睡眠时间长短与人的胖瘦有关，肥胖者较瘦者睡眠时间长；还与体质类型有关，阳盛型、阴虚型睡眠时间较短，痰湿型、血瘀型睡眠时间相对较长；亦与性格相关，性格外向、实干类型的人睡眠时间较短，性格内向、思维类型的人睡眠时间较长。

（3）睡眠时长与性别有关

女性平均睡眠时间比男性长，在月经期睡眠时间会更长一些，孕妇每日常常需要超过 10 个小时的睡眠。

（4）睡眠时长与季节有关

一般认为春夏宜晚睡早起，秋季宜早睡早起，冬季宜早睡晚起。

（5）睡眠时长与工作时间、体力消耗、生活习惯等有关

重体力劳动或进行体育运动后睡眠时间一般会延长，而过度的脑力劳动常常使人睡眠减少。

（6）睡眠时长与各种疾病有关

流行病学研究发现，慢性疾病的发生与睡眠时长的关系呈"U形"曲线。健康人群中，安全的睡眠时间是6~8小时。睡眠时间少于5小时或大于9小时，冠心病、中风的发病率和死亡风险都显著上升。睡眠时间太短对血管内皮的损害，甚至超过了老年、肥胖、吸烟、高血压、糖尿病等广为人知的危险因素。夜间睡觉时间少于6小时，人体更容易肥胖。国外研究显示，睡眠时间过短的青少年更容易酗酒和吸食大麻。国内研究也显示，青年男性睡眠时长会影响其生育能力，睡眠过少（≤6.5小时）或睡眠过多（>9小时）都会减少精子数量，且睡眠过少会降低睾酮水平。

小贴士

如果能睡着，是不是睡的时间越长越好

睡眠注重的是质量而不是时长，质量比时长更重要。现代医学研究发现，睡8个小时的人并不比睡6~7个小时的人更长寿，养成良好的睡眠习惯最重要。

2. 什么样的卧具适合睡眠

（1）枕头

适宜的枕头有利于全身放松，保护颈部和大脑，促进

和改善睡眠，还有防病治病之功效。

1）枕头的高度及长宽

一般认为，枕头的高度以稍低于肩到一侧颈部距离为宜，即通常说的睡者的一肩宽（约10cm），儿童减半，过高和过低都有害健康。枕高是根据颈椎的生理曲线而确定的，正常人的颈椎骨具有向前微凸的生理性弯曲，枕头必须适合颈椎的弯曲度，保持正常的生理弯曲，使肩颈部的肌肉、韧带及关节处于放松状态。枕头过高，还可能影响呼吸，造成打鼾，"落枕"则常常是不用枕造成的。枕头宜稍长，不宜太宽。

2）枕头的软硬度及质地

软硬适度，枕芯一般选择质地柔软、稍有弹性的材料，如棉制品，也可用羽毛、羽绒或合成物填充，外用各种通气性强的布料做枕套。

3）枕头的更换

枕头要随着季节变换而更换，夏天宜用散热较快的枕头。

4）保健药枕

保健药枕的原理是通过皮肤和鼻孔吸收药物（闻香治病），从而起到保健作用（依药芯的不同而不同）。药枕对全身各系统的疾病均有疗效，通常对五官科及头面部疾患疗效佳，且更适用于慢性疾病恢复期及部分外感疾病急性期。不宜用有毒物品作枕芯，孕妇及儿童宜慎用。药枕在古代已有应用，我国明代大医药学家李时珍在《本草纲

21

目》中写道："苦荞皮、黑豆皮、决明子、菊花同作枕，至老明目。"陆游在《咏药枕》中写道："昔年二十时，尚作菊枕诗。采菊缝枕囊，余香满室生。如今八十零，犹抱桑荷眠。榕下抚青笛，白发意气春。"足见古人对药枕的喜爱。

5）枕头不合适常引起的疾病

如果出现打鼾、肩背痛、全身酸痛、疲惫乏力等问题，那么你应该检查一下枕头是否合适，是否需要更换。枕头合适了，也许这些不适就会自然消失。

（2）床铺

床铺高低要适度，床宜稍宽大，软硬适中，压之无坑，滚之而平。一般建议睡木板床，木板床可以保持人体脊椎基本上处于正常生理状态。脊柱（俗称脊梁骨）是人体的主干，如果长期睡软床，脊柱周围的韧带和椎间各关节的负荷增加，生理弧度加大，久而久之，将会引起腰背肌劳损，或使原有劳损的症状加重。老年人脊椎多有退行性变化，睡软床更是弊多利少。木板床也不是越硬越好，以在木板床上铺垫 5cm ~ 10cm 厚的棉垫为佳，或用软硬适度的席梦思床垫（见图 1-1），这种床垫由弹簧支撑，对脊椎有一定的调节作用，但随着使用时间的推移，弹力会改变或者下降，所以一般建议 2~3 年更换一次床垫。

图 1-1 席梦思床垫

资料来源：南通觅睡方家居科技有限公司。

（3）其他卧具

1）被褥

被里宜软，可选棉布、棉纱、细麻布等，不宜用带静电的化纤品。盖被的目的在于御寒、暖内脏，所以被套宜选用棉花、丝绵、羽绒为佳，腈纶棉亦可，丝绵等要选用新鲜的，填充物应具有良好的保暖性能。

2）睡衣

睡前宜换睡衣，睡衣以宽长、舒适、吸汗、遮风为好，不宜太紧。也有人认为裸睡对身体更好，有利于人体神经功能和免疫功能的调节，有利于肌肉的放松和血液循环的畅通等。关于裸睡，仁者见仁，智者见智，是否裸睡取决于个人的习惯，只要有利于舒适的睡眠即可。

3. 什么样的方位利于睡眠

　　睡眠方位也就是卧向，是指睡眠时的头足方向。卧向与健康紧密相关。关于睡眠方向，有这样几种说法：第一种，按四季阴阳定东西。《千金要方·道林养性》说："凡人卧，春夏向东，秋冬向西。"这种说法符合《内经》"春夏养阳，秋冬养阴"的养生原则。第二种，寝卧恒东向学说。《老老恒言》引《记玉藻》言："寝恒东首，谓顺生气而卧也。"认为头为诸阳之会，是人体的最上方，气血升发所向，而东方震位主春，能够升发万物之气，故头向东卧，可保证清升浊降，头脑清楚。还有避免北首而卧学说。《老老恒言》提出"首勿北卧，谓避阴气也"，认为北方属水，阴寒之气较重，恐首北而卧阴寒之气直伤人体元阳，损害元神之府。

4. 什么姿势更有利于睡眠

　　据调查，60%的人习惯仰睡，35%的人习惯侧睡，而5%的人习惯俯睡。睡眠姿势看似小事，其实对健康影响很大。

　　什么是比较科学的睡眠姿势呢？一般认为以右侧睡为好，原因有三：一是人的心脏位置在左侧，向右侧睡觉，心脏受压较小，可以减少人体对心脏的压迫，不影响心脏的排血；二是胃通向十二指肠以及小肠通向大肠的口部都向右侧开，向右侧睡有利于胃内容物顺利运行；三是肝脏在右侧，向右侧睡肝脏处于低位，可以保证肝脏充足供血，对于食物的消化吸收极为有利。

除了侧睡以外，还有仰睡和俯睡。仰睡时由于身体和两腿都是平放伸直的，肌肉不能完全放松，人体可能得不到很好的休息。俯睡的弊病较多，除了肌肉不能放松，还会对心肺造成压迫。

对于一些慢性疾病人群或特殊人群，睡眠姿势更为重要。姿势对了，有助于疾病的治疗、身体的康复；睡姿不对，会加重病情。例如：

● 颈椎病患者，建议仰卧，因为仰卧顺应颈椎的生理弯曲，有利于肌肉关节的放松。

● 胃溃疡患者，建议左侧卧，因为左侧卧位能够抑制胃液的返流。

● 冠心病患者，宜右侧卧，采用头高脚低右侧卧位。这种睡姿，能使全身肌肉松弛，呼吸通畅，心脏不受压迫，并能确保全身在睡眠状态下所需的氧气供给，有利于大脑得到充分休息，以减少心绞痛的发生。

● 心衰患者，宜取半侧卧位，有利于血液回流，减轻心脏负担。

● 高血压和头痛患者，应适当垫高枕位，枕头高约15cm为宜，枕头过高过低皆可让患者产生不适感。

● 动脉硬化患者，建议仰卧。侧卧睡眠会加重动硬化，使血流障碍程度加深，特别是会造成患者颈部血流速度减慢。为消除这一隐患，仰卧睡眠较为妥当。

● 哮喘患者，宜采用侧卧或半卧位。仰卧会增加患者呼吸道阻力，易使支气管痉挛而诱发哮喘，侧卧可增加呼吸道通气量，减少哮喘发作。还可采用半卧位睡姿，头枕部抬高 20cm 左右。

● 尿路结石患者，建议多换睡姿，避免长时间压迫肾脏。

● 胃脘胀满和肝胆系疾患者，以右侧位睡眠为宜。

● 四肢有疼痛处患者，应力避压迫痛处而卧。

● 静脉曲张患者，建议睡觉时垫高双脚，用低枕头或叠起的薄被把双脚垫起，以促进双脚血液流动，减轻静脉的压力。

● 孕妇，最好采用侧卧睡姿，尤其是到孕中后期，羊水和胎儿的压迫给母体的心肺等器官都带来很大的负担，而侧卧睡姿有利于减轻孕妇负担。另外，还要注意经常翻身。

● 婴幼儿应在大人的帮助下，经常变换睡姿。

● 老人不宜仰卧，以右侧卧为最好。

当然，无论哪种睡姿，长时间保持不变都会让身体产生不适，需要适当变换睡姿，而且一个晚上要翻很多次身，不断寻找一个舒适的姿势来睡觉。任何睡姿都必须是放松的，如果机体感觉到不舒服，会通过翻身来改变睡姿。翻身是为缓解睡眠中因身体重量的压迫而引起特定部位的肌肉疲劳、血液循环障碍等的一种生理现象，翻身对于在良好情绪下的睡眠和身体疲劳的恢复有着重要作用。需要说明的是，任何一种睡姿都有优缺点，睡姿并无绝对好坏之分。除了身患疾病，宜于或不宜于某种睡姿的人以外，一般人尽可放心地顺其自然去睡，不必刻意追求某种姿势，只要能使身体关节肌肉放松就行。舒适的睡姿可以帮助人尽快入睡。一句话，怎么舒服就怎么睡。

 小贴士

怎样判断自己的睡眠质量

睡眠质量的好坏因人而异，影响睡眠质量的因素很多，即使同一个人，不同年龄阶段、不同季节、不同睡眠环境下睡眠质量也会发生变化，所以睡眠好坏要结合自身的具体情况来判断和调节，不可盲目与他人攀比。

第五节　改善睡眠质量的方法

1. 遵循睡眠时间规律

为了遵循睡眠的时间规律，具体需要掌握以下三条："顺时睡眠"、"限时睡眠"和"子午睡眠"。

（1）顺时睡眠

所谓"顺时睡眠"，就是顺应自然界季节和昼夜变换规律。古人提倡"四时顺养"，也就是"春夏养阳、秋冬养阴"，要求通过安排起居、调养精神，使人体的阴阳气升降与自然界的阴阳气升降规律保持同步。古人所说的"日出而作，日落而息"就是指随着自然界的昼夜变换而作息，这样可以起到保持阴阳运动平衡协调的作用。

（2）限时睡眠

所谓"限时睡眠"，是指睡眠有一定时限，正常成年人睡 6~8 小时足矣，午睡 30~60 分钟即可，睡眠不足和睡眠过度都不利于健康。

（3）子午睡眠

所谓"子午睡眠"，是指在 23 时至 1 时（子时）和 11 时至 13 时（午时）是人的睡眠黄金段，这个时间如没有特殊情况，要让睡眠得到保证。原因在于在这个时间段，人的生理反应，包括体温、呼吸、脉率以及全身代谢都降到最低，从神经激素的周期来看，肾上腺素及副肾皮质激素的分泌也处于最低值，因此子时和午时是最有效率的睡眠时间段。中医理论认为，睡眠的机制是阴阳交替的结果，子午之时，阴阳交接，人体内气血阴阳极不平衡，必须静卧，以候气复。

2. 学会放松

（1）腹式呼吸放松

● 练习的时候可以采取坐姿、站姿或躺姿，眼睛可以睁着，也可以闭着。要尽可能让自己觉得坦然、舒服。

● 将意念集中于腹部（肚脐下3cm到丹田区间），并将注意力集中于呼吸。把一只手放在腹部，缓慢地通过鼻腔深吸一口长气，同时心中慢慢地从1数到5。

● 当慢慢地深吸一口长气时，尽力扩充腹部，想象着一只气球正在充满空气。到位时，肺尖会充满空气。

● 屏住呼吸，从1数到5。心中默念：1—2—3—4—5。

● 然后，慢慢地通过鼻腔呼气，同时心中默念：1—2—3—4—5。呼气时要慢慢收缩腹部，想象着一只气球在放气。可慢慢弯腰吐气至90°，要将肺中空气完全吐出。要感觉前腹与后背快要碰到一起。空气完全吐出的感觉像是快要窒息，必须要赶快吸气那样。

● 以上过程重复7次。

（2）渐进性肌肉放松训练法

该方法最早由美国生理学家艾德蒙·捷克渤逊于20世纪30年代创立，后来逐步完善，广为应用，是一种良好的放松方法。经过渐进性肌肉放松训练法训练之后，训练者一般都会感到头脑清醒、精力充沛、心情平静、全身舒适。

具体做法是进行全身主要肌肉（从手部开始，依次是上肢、肩部、头部、颈部、胸部、腹部、臀部、下肢，直至双脚）收缩放松的反复交替训练。以手部为例。

首先，调整呼吸：

● 深吸一口气，直到不能再吸入为止，保持一会儿

（停 10 秒）。

- 慢慢地把气呼出来，吐得越干净越好（停 5 秒）。
- 然后再做一次。深深吸进一口气，保持一会儿（停 10 秒）。
- 慢慢把气呼出来。

其次，手部放松：

- 伸出前臂，握紧拳头，用力握紧，体验手上紧张的感觉（停 10 秒）。
- 放松，尽力放松双手，体验放松后的感觉。可能感到沉重、轻松、温暖，这些都是放松的感觉，请体验这种感觉（停 5 秒）。
- 再做一次。

值得注意的是，这种放松训练的每一个步骤中，最基本也是最核心的动作是紧张肌肉，体验这种紧张的感觉。保持这种紧张感 3~5 秒钟，然后放松 10~15 秒钟。最后，体验放松时肌肉的感觉。

（3）头部按摩

睡前选择性地对太阳穴、耳前耳后、后脑勺、胸背部、内关穴、涌泉穴等处进行适度按摩，有助于改善睡眠。

3. 便签记录法

如果你是因为脑子里想法纷纭而睡不着，不妨将混乱的思绪都写下来。准备一个便签本，将当天发生的事情、明天的计划、心里的忧虑都记录下来，把脑袋清空，这样可以帮助自己平静地入睡。

4. 数息法

数息法是腹式呼吸放松法的进阶版，也是禅宗中冥想法入门的途径。古人称呼吸为"息"，一呼一吸，就是一息。呼气叫出息，吸气叫入息。所谓禅定先入静，放松是关键。数息法通过计数自己的呼吸，来达到心理放松、平静入睡的目的。

方法很简单。躺在床上，全身放松，先深呼吸几次，然后开始数息，可以计数入息，也可计数出息，从第 1 息数至第 10 息，然后再从第 1 息数起，重复。开始常常不能数到 10，或者数过了 10，这是因为脑海中还有杂念，只要把注意力拉回来，集中在数息上，再从 1 数起。如此循环，不知不觉，就能进入梦乡。

5. 4—7—8 呼吸法

4—7—8 呼吸法是由美国哈佛大学的安德鲁·维尔博士开发的，它基于一种古老的瑜伽技巧，帮助练习者控制呼吸。经常练习可以帮助练习者在较短的时间内入睡。

找个舒适的地方坐下或平躺，将舌尖放在口腔顶部，准备练习。在整个练习过程中，需要保持舌头紧张，避免移动舌头。

具体步骤：

- 张嘴，尽力呼出所有的气，发出嘶嘶声。
- 闭嘴，吸气（用鼻子），默念 1—2—3—4。
- 屏住呼吸，在心中数 1—2—3—4—5—6—7。
- 呼出一大口气，再次发出嘶嘶声，同时心中默念 1—2—3—4—5—6—7—8。

每四次这样的"一呼一吸"为一次全程呼吸，一开始每天可以做 2 次，然后慢慢增加次数。第一次试，可能会有点头晕，但是不必担心，只要每天练习，效果会越来越好。

6. 美军 2 分钟快速入睡法

这个快速入睡法流行起来是因为几年前沙龙·阿克曼写了一篇文章，引起疯狂转发。实际上，它的具体内容来源于一本书，书名叫《放松与胜利：冠军表现》。美国海军学校有一套练习方法，帮助飞行员在 2 分钟或更短的时间内入睡，一般飞行员花 6 个星期左右的时间练习，就会有特别好的效果，即使在闹市或者有枪声的背景中，也可以快速入睡，成功率达 96%。这种方法因为效果特别好，后来慢慢传到民间，帮助了很多有快速入睡需求的人。

具体步骤如下：

- 放松整个面部，包括口腔内的肌肉。

- 放下手臂，把注意力集中到双肩上，感受双肩下沉，可以释放紧张感，尽快放松，如果做不到，可以先让双肩紧张一下，然后再放松。

- 呼气，放松胸部，吸入足够的氧气，让肺部充满氧气。

- 想办法放松双腿（大腿和小腿），关注脚和膝盖。

- 全身放松后，可以开始清理思绪，想象一个放松的场景，让思绪清醒10秒。比如，《放松与胜利：冠军表现》一书的作者建议了一个场景：想象自己躺在一个小船上，天空是湛蓝的，海面是蓝色的。此外，也可以搭配相关睡眠场景的音频，比如微信小程序"我睡Le"就提供很多免费的睡眠场景音频。

- 如果想象不起作用，可以反复对自己说"不要想、不要想、不要想……"重复大约10秒钟，很快就能睡着了。

7. 睡眠诱导

节奏平缓优雅的音乐，还有模仿自然界平淡而有节律的声响（如鸟鸣声、蟋蟀叫、滴水声、沥沥的雨滴声等），都可以诱导人进入睡眠状态。

8. 食物疗法

睡眠质量不好的人，可适当服用一些有益睡眠的食品，如蜂蜜、桂圆、牛奶、大枣、木耳等，还可配合药膳保健。可酌情选用茯苓饼、冰糖百合莲子羹、小米红枣粥、藕粉、桂圆肉水、银耳羹、百合粥、山药牛奶羹、黄酒核桃泥、土豆蜜膏等。食疗效果因人而异。

9. 药物疗法

中医在调节睡眠质量方面也积累了许多经典的方剂，例如笔者在长期临床实践中较为推崇同时又受到广大中老年患者欢迎的安神补脑液就是一个经典的方剂，其组方中有鹿茸、何首乌、淫羊藿、生姜、大枣、甘草、维生素B1等诸药，具有生精补髓、养血清气、安神补脑之功效，能够起到提高人体免疫力、消除疲劳、提高记忆、改善睡眠、保护神经的作用。读者如需使用本书提到的方剂，请一定咨询医生，不要擅自购药组方，以免造成不良后果。

10. 睡眠保健产品疗法

药枕、各种睡眠仪等睡眠保健产品也有一定疗效。后面章节有介绍，此处不做具体介绍。

11. 注意睡眠禁忌

古人曾经总结出"睡眠十忌"，从现代医学的角度看，也具有一定的科学性和实用价值。具体内容是：一忌仰卧；二忌忧虑；三忌恼怒；四忌睡前进食；五忌睡卧言语；六忌睡卧对灯光；七忌睡时张口；八忌夜卧覆首；九忌睡卧当风；十忌睡卧对炉火。

结合现代医学关于睡眠健康的观点，可归纳为四个方面：

（1）睡前禁忌

睡前不宜吃得过饱，也不宜饥饿；不宜大量喝水，不宜饮浓茶、咖啡；不宜饮酒和大量吸烟；不宜看太令人兴奋、紧张、恐怖的影视作品及书报等；睡前不宜过度用脑，不宜长时间使用电脑；不宜剧烈运动；不宜过度使用对人有兴奋作用的药品；不宜沉溺于看手机；不宜过于忧虑和激动。

（2）睡中禁忌

睡中寝卧忌当风口，忌对着炉火、灯光及其他强光；卧中忌言语哼唱；睡忌蒙头、张口；不宜仰卧；环境温度不宜过冷和过热。提倡开窗睡眠（注意不要当风吹），睡眠过程中需要大量氧气，开窗睡，可以提供充分氧气。新鲜空气是一种自然滋补剂，提供充分氧气，可促进人体新陈代谢。适当的冷空气刺激面部及呼吸道的神经末梢，可使神经系统的调节功能得到锻炼，增强机体御寒能力；气温低还可以刺激人体内分泌系统，特别是胰腺、甲状腺及肾上腺，加强身体的新陈代谢，有益于健康。褪黑素可以抑制人体交感神经兴奋性，使血压下降、心跳减缓，劳累一天的机体可以得到休息、缓冲和恢复。但是，只要人眼见到光源，褪黑素就会被抑制，并且发出命令，停止分泌。因此，专家建议避免养成日夜颠倒的习惯，改掉夜间睡眠开灯的陋习。

（3）睡醒后禁忌

睡醒后忌立即小便，忌立即起床；禁恋床不起，夏月最不宜懒睡晚起；禁过早起床、户外运动，冬季最不宜早起，尤其是老年人，容易诱发心脑血管疾病。

（4）忌"储备式睡眠"

在生活中，我们会遇到这样一种情况，即一段时间很忙，睡眠时间减少，人们称为"缺觉"，不少人会采取"补觉"的方法，即连续睡十多个小时乃至二十多个小时，现代的说法叫"储备式睡眠"。专家认为，偶尔"补觉"可以起到补充睡眠的作用，但如果长期这样，效果并不好，对身体健康不利，表现为体力透支、免疫力下降，严重的还会引发各种疾病。所以建议，对于比较繁忙的人而言，可以采取分段式睡眠法，即中午争取休息一会儿，工作间隙适当小憩，可以起到补充睡眠的作用。

第二章
把颈椎病给"睡"走

人有三分之一的时间是在床上度过的。睡眠对人体的最大意义是身体修复，有研究表明，睡眠与防治颈椎病有相当密切的关系，故不可忽视睡眠与颈椎的关系。我们经常听到医生说，颈椎不好，睡眠肯定不好。我们经常听到身边的朋友说"又落枕了"。落枕主要是睡姿问题引起的，睡姿不正确，使脊柱整夜处在一个不合适的位置上，早晨起来感觉脖子不舒服，去医院找医生用正骨手法，可能当场脖子就舒服了、不痛了，由此可见睡眠和颈椎关系密切。如果长期睡姿不正确，会引起颈椎病。我们身边颈椎不好的人，大多早晨起来没精打采的，因为晚上睡觉时，颈椎病引起疼痛，使得人整夜睡不好，导致睡眠质量变差。如果颈椎长期痛或者不适，会引起失眠等更加严重的睡眠疾病。故睡眠和颈椎是相互影响的，好颈椎是好睡眠的一个很重要的影响因素，反之亦然。

第一节　关于颈椎病

颈椎病是颈椎间盘退变、突出，颈椎骨质增生，韧带增厚、钙化等退行性病变刺激或压迫颈椎周围的肌肉、血管、神经、脊髓引起的一系列症状。依据不同的神经、血管受累及不同的临床表现，颈椎病主要分为五型：神经根型、脊髓型、交感型、椎动脉型，以及混合型（混合型是指两种或两种以上类型同时存在）。颈椎病发病率占人群比例为10%～20%，从事伏案工作者发病率最高，性别间无差异。颈椎病好发部位依次为 C5-6、C6-7、C7-T1 等颈椎节段。

1. 发病机制

迄今为止，颈椎病发病机制尚不清楚。但是一般认为颈椎病的发生与椎间关节退变，以及骨质增生压迫脊髓或神经根、椎动脉等因素有关。

椎间盘、钩椎关节及关节突关节的退变是一种随年龄增长而发生的长期病理过程。首先发生在活动量最大的 C5-6 椎间盘。退变的椎间盘含水量及蛋白多糖逐渐减少，胶原类型改变，细胞和基质纤维异变、结构紊乱。髓核及纤维环失去原来的生物力学性能。椎间盘的承载能力及应力分布异常，椎间间隙逐渐变窄。这些改变引起颈椎节段间活动异常及不稳定。颈椎日常活动或过度劳累将使椎间关节产生损伤，加速退变过程。骨质增生、关节突关节退变性关节病也随之发生。骨质增生可使椎间关节重建稳定，它表明退变过程不是单纯的退化，而是具有重建的性质。当一个活动节段重建稳定之后，势必将增加其相邻节段的活动范围及荷载，加速这些节段的退变过程。目前医学认为，人在 20 岁左右以后椎间盘开始退变，60 岁左右的老人常常有多节段退变。椎体后缘骨嵴及突出的椎间盘组织会压迫腹侧的硬脊膜、脊髓前动脉、脊髓及神经根、根动脉、椎动脉及其伴行的交感神经。节段性不稳定容易因劳损使椎间关节产生创伤性关节炎，加重已存在的骨性压迫，并具有炎性刺激作用。颈椎过伸位不稳定会使椎管矢径及椎间孔变狭窄，也可能加重压迫程度。节段性不稳定出现时，往往因头颈位置偶然变动而引起椎间错动，可能刺激交感神经或椎动脉。

"压迫学说"认为，椎间关节退变，骨质增生压迫脊髓或神经根、椎动脉引起发病。然而，临床实践表明该学说不能完全解释颈椎病的发生。磁共振成像显示，脊髓或神经根明确受压者可以没有任何颈椎病的临床表现；70岁以上老年人椎间关节明显退变，但颈椎病发生率较50岁左右的人群明显降低，绝大多数的神经根型、交感型、椎动脉型及部分脊髓型颈椎病可以保守治愈。这些说明，单纯的骨性压迫并非颈椎病唯一的发病原因。近几年的临床报道也指出，创伤或劳损可以引起椎间关节的创伤，形成发病的诱因。

2. 诊断原则

颈椎病诊断必须具备三个条件：

第一，具有比较典型的症状和体征。

第二，颈椎的 X 线片及其他检查证明椎间分级退变，并压迫神经、血管。

第三，影像学检查存在神经、血管压迫与刺激，同临床表现具有明确的因果关系。

小贴士

如何判断自己得了颈椎病

判断是否得了颈椎病最重要的是看有没有颈肩痛，颈肩痛是颈椎病的最常见症状。颈椎病症状分为痛型、麻型、晕型和脚软型：痛型就是颈肩痛，麻型就是上肢麻木，晕型就是头晕，脚软型就是手脚麻木、下肢疲软无力、走路不稳，也是最严重的一种类型。

第二节　康复治疗

颈椎病是一种良性疾病，具有自限性倾向，愈后良好。唯有脊髓型颈椎病，治疗不当时，后期容易遗留不同程度的残疾。不同类型的颈椎病治疗原则有所不同。由于颈椎病的病因复杂，症状体征各异，而且治疗方式多种多样，因此在治疗时，应根据不同类型颈椎病的不同病理阶段，选择相应的治疗方案。

1. 卧床休息

卧床休息可减少颈椎负载，有利于椎间关节创伤炎症的消退，可以消除或减轻症状。颈托、颈围领等支具也有相似作用，但不如选一个合适的颈椎枕卧床可靠。

2. 物理治疗

（1）物理治疗的作用

物理治疗的作用主要有：镇痛、消除炎症组织水肿，减轻粘连，解除痉挛，改善局部组织与脑、脊髓的血液循环，调节自主神经功能，延缓肌肉萎缩并促使肌肉恢复。

（2）常用的方法

● 石蜡疗法：盘蜡法，置于颈后部，温度 42℃，每次 30 分钟，一天一次，20 次为一个疗程。

● 红外线：颈后照射，距离 30cm～40cm，每次 20～30 分钟，一天一次，20 次为一个疗程。

● 磁疗：脉冲电磁疗，颈部和患侧上肢，每次 20 分钟，一天一次，20 次为一个疗程。

● 直流电离子导入：可用中药、维生素 B 类药物、碘离子等进行导入，作用极置于颈后部，非作用极置于患侧上肢或腰骶部，电流密度为 0.05～0.1A/cm，每次 20 分钟，一天一次，20 次为一个疗程。

● 超短波：颈后单极或颈后、患侧前臂斜对置，微热量，每次 15 分钟，一天一次，15～20 次为一个疗程。

● 微波：颈部照射，微热量，每次 15 分钟，一天一次，15～20 次为一个疗程。

● 超声波：颈后及肩背部接触移动法，0.8～1.0W/cm，每次 8～10 分钟，一天一次，15～20 次为一个疗程。

可加入药物导入（常用维生素 B 或氢化可的松）。

● 低频调制中频电疗：颈后并置或颈后、患侧上肢斜对置，使用止痛处方、调节交感神经处方、促进血液循环处方，每次 15 分钟，一天一次，15~20 次为一个疗程。

3. 注射疗法

颈段硬膜外腔封闭疗法适用于神经根型、交感型颈椎病和椎间盘突出症。采取低浓度的局麻药加皮质激素，阻断神经及交感神经在椎管内的刺激点，也可抑制椎间关节的创伤应激。一般为每周 1 次，2~3 次为一个疗程。本项治疗要备有麻醉机或人工呼吸器，在严格无菌条件下进行，要求操作人员穿刺技术熟练。

4. 颈椎牵引

（1）作用

颈椎牵引适用于椎间盘突出或膨出的神经根型颈椎病。颈椎牵引通过牵引装置对颈椎加载（应力）产生生物力学效应，起到治疗作用。颈椎牵引可以缓解颈部肌肉痉挛，使椎间隙或椎间孔增大以解除对神经根的压迫刺激，牵开被嵌顿的小关节滑膜，减少椎间盘内压，缓冲椎间盘组织向周缘外突的压力，有利于外突组织的复位。

（2）操作方法

颈椎牵引可取卧位或坐位。一般认为人在卧位，全身肌肉放松，牵引效果较好，但卧位时阻力较大，且与其他治疗方法配合进行有一定的限制，故大多采用坐位枕颌布带牵引。

颈椎牵引可在医院门诊或在家中由患者自行操作。除要保证牵引安全外，还必须掌握好牵引角度、牵引时间和牵引重量三个要素，以取得颈椎牵引的最佳治疗效果。

1）牵引角度

根据颈椎的病变部位来选择牵引角度。病变颈椎节段与牵引角度关系为：C1-4，0°；C5-6，15°；C6-7，20°；C7-T1，25°。

2）牵引时间

有关实验数据表明，牵引时间太短不能发挥牵引的力学效应，时间过长也没有必要，而且还会造成患者头痛、头麻、下颌关节痛、心悸、胸闷、恶心等不良反应。一般认为每次牵引时间以 10~30 分钟为宜，一天一次，每20~30 次为一个疗程。

3）牵引重量

一般以 4kg 开始，根据患者体质及颈部肌肉发达情况增加牵引重量，通常可按体重的 1/8~1/12 计算。若牵引重量过度（超过 20kg），可能造成患者肌肉、韧带、关节囊等软组织的损伤。牵引配合其他方法，如局部热敷、红外线辐射治疗等效果更佳。

5. 手法治疗

（1）作用

手法治疗可疏通脉络，减轻麻和疼痛感，缓解肌肉紧张与痉挛，加大椎间隙与椎间孔，整复滑膜嵌顿及小关节半脱位，改善关节活动范围（ROM）等。

（2）种类

1）推拿

治疗前，施治者应对患者的病情有全面的了解，手法要得当，切忌粗暴。在颈、肩及背部施用揉、拿、捏、推等手法，针对神经根型患者，推拿部位还应包括患侧上肢，针对椎动脉型和交感型患者，推拿部位应包括头部。常取的穴位有风池、太阳、印堂、肩井、内关、合谷等。每次推拿15～20分钟，一天一次。推拿治疗颈椎病对手技的要求高，不同类型的颈椎病，其方法、手法差异较大，进行颈部拔伸、推扳等动作必须要由有经验的施治者操作。

2）关节松动术

关节松动术治疗颈椎病的手法主要有拔伸牵引、旋转颈椎、松动棘突、松动横突及椎间关节等。

● 拔伸牵引：常用于颈部肌肉紧张或痉挛，上段颈椎和中段颈椎用中立位牵引，下段颈椎用 20°～30° 牵引，持续 15～20 秒，休息 5 秒，重复 3～4 次。

● 旋转颈椎：患者去枕仰卧，颈部放在床沿，施治者站在床头，一只手4指分开放在患者健侧颈枕部，拇指放在对侧，用另一只手托住患者下颌，前臂放在耳前，使患者头部位于施治者的手掌、前臂和肩前，操作时施治者躯干及双手不动，双前臂向健侧缓慢地转动患者的颈部。

● 松动棘突：分垂直松动和侧方松动两种，对于颈椎因退变引起的活动受限和颈部肌肉紧张或痉挛特别有效。

● 松动横突及椎间关节：施治者双手拇指分别放在患侧横突背侧以及棘突与横突交界处进行操作，对于颈部活动受限的患者效果较好。

6. 药物治疗

药物治疗的目的主要是消炎止痛，目前选用的是非甾体类镇痛剂。一般不宜用强烈止痛药，如吗啡类药物。活血化瘀、舒经活络类中成药对患者也有一定效果。

7. 手术治疗

(1) 适应症

患者经合理的保守治疗，半年以上无效，或反复发作，并影响正常工作或生活，而且同意手术治疗。

患者神经根性剧烈疼痛，严重地影响生活，保守治疗

2周以上仍未减轻。

上肢肌肉，尤其是手内在肌无力、萎缩，经保守治疗4~6周后仍有发展趋势。

（2）治疗原则

脊髓型颈椎病容易引起肢体不同程度的残疾，脊髓长期受压迫及反复刺激，非手术治疗效果不佳。因此，一旦诊断明确，应手术治疗。然而，受压较轻、病程较短、症状不重者也可以进行保守治疗，需要医院定期随访，一旦病情加重，仍应进行手术。

手术的目的是解除脊髓压迫，获得颈椎稳定性。老年体弱不能耐受手术者，或伴有高血压病、糖尿病、结核病、慢性肝炎，以及心、肾功能不全者不宜进行手术治疗。

 **小贴士**

得了颈椎病，如何选择睡姿

得了颈椎病，睡觉时平卧或侧卧都可以，最重要的是无论哪种体位都要保持脊柱的自然生理曲度，使身体不会觉得疲劳，所以枕头的选择很重要。另外，平卧时可以在膝关节下面加厚垫，侧卧时可以在双腿之间加厚垫，这样可以缓解脊柱压力，促使韧带休息，缓解身体疲劳。

病例

张××，女，33岁，因颈肩疼痛来院就诊。患者自述颈肩疼痛僵硬两天，颈肩活动受限，平时上班伏案多。X线检查见颈椎曲度反弓、序列欠佳、椎间隙变窄，查体见颈部肌肉紧张，脖子活动受限。

诊断：颈椎病。

治疗：①物理治疗，半导体激光照射，红外线疼痛治疗。②推拿治疗。经过5次治疗后症状基本消失，颈部肌肉状况明显改善；再经过5次治疗，共一个疗程治疗后患者症状消失，颈部肌肉僵硬程度改善，活动范围正常，患者颈椎曲度反弓仍在。建议患者平时多抬头、多运动，如游泳等，改善睡姿，使用颈椎康复枕。半年后随访，患者颈椎疼痛没有反复，精神状态得到很大改善，建议坚持游泳运动，多抬头，坚持使用颈椎康复枕。

 第三节 **中医谈枕具在睡眠及颈椎病康复中的作用**

枕具之所以能有辅助颈椎病治疗的作用，其中一个生理基础就是颈部的特殊部位和作用。人体最微妙的部位之一就是颈部，它是嘴和胃、鼻、肺以及脑部和脊椎之间的重要连通管道，颈部的血管是心脏向脑部持续供血的重要途径，包裹着这些连通管道的是复杂的肌肉组织，使人的头部能够做出低垂、点顿、摇晃、扭动和抬起等一系列动作，从而表达和传递各种信息。颈椎，上托头颅，下连躯干，是人体的重要支撑和神经的汇接要道，还是人体劳动强度最大的枢纽关节部位。具体来说，颈椎首先要负责支撑头颅的重量，大脑发出的种种神经支配信息也是通过颈椎输送到全身各躯干的。另外，全身各躯干也通过颈椎向大脑发送各种神经信息。"结构决定功能和作用"，颈椎也不例外。

基于这个生理结构基础，用枕具辅助治疗失眠及颈椎病等相关疾病是中医外治法的一种，其主要机理可以从以下几方面论述。

1. 气味论

药枕是从气味角度论枕具的治疗作用的典型。药枕疗法主要依据中医学的整体观念和生物全息论观点，强调人体内外环境的协调统一，利用药物的挥发性及其所形成的药物环境对使用者形成良性刺激。大部分药枕中的填塞物均含有芳香走窜药物，挥发性较强，中医的脏腑学说认为，头为诸阳之会，脑为原神之府，因此，可以利用药枕芳香清透的气味或寒温之性，达到清心明目、健脑安神、调和阴阳之目的。颈椎病的病机主要为肾气虚、痰湿阻络、气血运行不畅，而致经脉瘀滞、筋经失养。根据中医"闻香治病"的理论，中药药气通过呼吸入肺，进入血循环，输注全身。中医认为"肺朝百脉"，肺开窍于鼻，鼻为呼吸出入门户。鼻居面中，为阳中之阳，是诸阳交会处，为一身血脉所经，通过经络与五脏六腑紧密联系起来。刘鸿等运用"冰桂六味散"治疗颈椎病，经临床 182 例患者观察，颈椎康复药枕对椎动脉和神经根型颈椎病疗效较好。同治颈椎，药方却不尽相同，有人用加味桃红饮，还有人用丁郁四神散、威芎散等。该治病机理可能与药物的芳香气味吸入后刺激嗅觉神经，引起脑血管供血改善等一系列反应有关，也可能与保持适合的颈椎生理弧度，有利于改善局部肌肉痉挛，减轻神经根的受压程度有关。张文高等人的实验证明，505 神功药枕气味吸入使小鼠微循环血流量显著增加，推测药物挥发性成分可能是作用于呼吸道黏膜，通过放射调节而发挥作用的，为"气味医学"和中医传统的"闻香治病""内病外治"提供了有力的佐证。

2. 经络论

经络是一个多层次、多功能、多形态的调控系统，作为人体"真气"流通之隧道，是运行全身气血、联络脏腑肢节、沟通上下内外的通路，具有运行气血、濡养全身、抗御外邪、保卫机体的作用。人体的经络系统有十二正经、奇经八脉、十五络脉及众多细小的孙络、浮络等。经络系统运行气血以滋养、温暖脏腑百骸，从而发挥其内养正气、外御邪气、调节机体内外环境平衡及感应传导的作用。颈椎及后脑勺部是督脉所经之处，任督二脉相表里，并在口齿部相连接。任督二脉经气相贯，内连五脏六腑，外络四肢百骸、五官九窍、皮肉筋膜。头部是许多经络起止之处，人体的各条阳经以及督脉等都汇聚到头部，其中足太阳膀胱经及督脉通贯头顶，足少阳胆经及手少阳三焦经循行头侧后部，皆入络于脑。人体的诸阳经及其经气均汇聚于颈部的大椎穴，诸阴经经脉亦上行于颈项或交会于颈项部。因此，可用枕具机械刺激和药物激发经络之气，促进感传直达病所，使经络疏通、气血流畅、阴平阳秘、脏腑和调。通过经络的沟通和有机的整体活动，使人体内外上下保持协调统一。而颈椎康复药枕通过刺激渗透，直接进入经络，循行经脉，使气血运行，改善脏腑阴阳，并发挥归经功效，使药物直达靶组织，促进人体内部生理机能趋于正常。常见的颈部治疗穴位有大椎、风池、风府、夹脊、百劳、哑门、脑户、强间、天柱、脑空、头窍阴、天冲、承灵等。

《灵枢》云："耳者，宗脉之所聚也！"睡卧时，通过对耳部的相关穴位进行刺激，有行气止痛、疏通经脉、宁心安神的作用，可以调整心、肝、脑、肾等脏腑功能，使气血和畅、阴阳平衡，从而达到治疗目的，进以激发经气"疏通经络"，调整气血，开窍醒目，改善胸痹心痛病的胸闷、心悸、气短、乏力、失眠等症状，改善患者身体状况，提高患者生活质量。

第四节　颈椎康复枕

医学康复治疗方法能让颈椎症状得到好转或痊愈，但是颈椎病比较顽固，如果平时生活及工作习惯不改正过来的话，还是会反复发作，这时可以考虑使用颈椎康复枕。

颈椎康复枕（见图 2-1），作为颈椎病康复的专用枕头，产品形状设计为长方形，两边高，中间低，并且两边都有放耳朵的结构设计，中间也有头部结构的设计。颈椎康复枕是由彭志平医生及其团队经过多年研发设计的。该设计符合生理工程学原理，能帮助颈椎病患者在睡眠中进行自然牵引，即利用头部后仰起到持续小重量牵引作用的原理，达到使受损的颈椎得到充分休息以及放松矫正颈椎的目的。颈椎康复枕对身体起着双重保护作用，不仅能有效支撑颈椎，维持颈椎正常的生理曲度，还能兼顾对睡觉时后仰的脑部的保护，避免过度牵引颈椎造成的二次伤害。这种生理曲线设计既保证了颈椎外在肌肉的平衡，又保持了椎管内的生理解剖状态，能有效矫正颈椎变形的生理曲度和椎间盘突出，抑制骨质增生，减轻变形的颈椎对血管和神经的压迫，消除脖子和肩膀的酸麻、胀痛、不舒服，以及头疼、头晕、手麻、睡眠质量差等各种不适症状，从而促使颈椎康复。

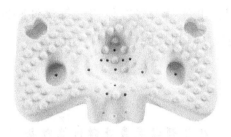

图2-1　颈椎康复枕

资料来源：江苏康乃馨纺织科技有限公司。

如何正确使用颈椎康复枕：

● 休息或睡觉前将颈椎康复枕垫在颈后根靠近肩膀的位置。

● 侧睡姿势情况下，颈椎康复枕使用效果不佳，其主要缓解某一种睡姿状态下颈椎的疲惫感和紧张感，符合平时睡眠的自然习惯。

● 使用前1～10天，颈椎康复枕应该放在颈后根部位，这个部位最利于适应，之后可以根据自身情况进行调整。

● 使用前几天，如果有不习惯和不适感，可适当减少使用时间。也可以在入睡前和白天休息时，将其垫于颈后根，不需要整晚使用。等症状缓解了，可增加使用时间。具体使用时间在自己的接受程度内即可。

● 颈椎康复枕垫于颈部有悬空感，在头部后仰重力下，颈部会有酸痛和麻木感，属正常情况，很快会消失。整晚使用，特别是整晚连续仰睡有不适感的患者可以每天分两次使用，也可每天多次使用。每次仰睡时间不用太长，如果适应了，可整晚自然仰睡和侧睡。

 **小贴士**

得了颈椎病应选择什么枕头

枕头的高矮软硬对颈椎都有直接的影响，最理想的枕头应该是使颈椎保持正常的生理弯曲，枕头要有弹性，枕芯以木棉、中空高弹棉、谷物皮壳和记忆棉最为适宜，枕头高度以 6cm~10cm 为宜。颈椎病患者，慎用乳胶枕，因为乳胶是高弹力，对颈椎的弯曲度修复有一定影响。颈椎没有问题的人用乳胶枕是可以的。

第三章
枕　具

人类的进步离不开睡眠。人类发展史也可以说是一部追求睡眠舒适及健康的历史，而健康又舒适的睡眠需要睡眠用具来辅助。人类最早的时候就是席地而睡，慢慢地才有了寝具，比如枕头、床和床垫等。

我们的枕具最早是就地取材，比如木头、树叶、荞麦，后来开始利用动物的皮毛和羽绒，再后来有了纤维、记忆棉和乳胶。进入 21 世纪，我们开始利用碳纤维，并且更加精细地提取有效成分，比如石墨烯等。

第一节　枕头介绍

许慎《说文解字》中载，"枕，卧所荐首者。从木，尤声"。枕，俗称枕头，因为它的功用是睡卧时垫托头部，并由此而得名。人的一生中至少有三分之一的时间是在睡眠中度过的，因此枕头是人们生活中不可或缺的日常用品。我国人民历来重视枕头的功用，如今已经成为枕头的制造和消费大国，同时枕头的类型、式样也在不断地发展变化。

1. 枕头的历史起源

人在枕头上度过的时间约占人生的三分之一，因此其好坏也会影响到人生另外三分之二时间的生活质量。小小枕头，方寸之间，与人类关系亲密，让人难以割舍。

枕头作为人们日常生活中的一种普通寝具，具有悠久的发展历史。《诗·陈风·泽陂》有"寤寐无为，辗转伏枕"的诗句，《吕氏春秋·顺民》中的"身不安枕席""口不甘厚味"，都是流传千年的佳句。远古时代，人类"因丘陵掘穴而处"，睡觉时，就近随便拣一块石头、一根木头、一束柴草或者一张兽皮，将头部垫高，这大概就是枕头的雏形。枕头的起源大约可追溯到旧石器时代中期，那时的古人类只是无意识地使用枕头。随着时代的发展和人类文明的进步，枕头成为人们卧而休息时的必需用具。我国的先秦文献中已有枕头的记载。根据考古资料可知，战国时期枕头已经相当讲究，有了早期的造型和简单的装饰。汉代以后，枕头的造型在继承战国遗风的基础上又有创新，并逐渐民间化和大众化。

　　考古资料表明，最古老的枕头是天然石块，后面发展为初步加工过的石块，并逐步扩大到使用其他质料，出现了布枕、木枕、玉枕、铜枕、竹枕、藤枕、药枕、水晶枕等，取材不一，用途多样，反映了各个不同时期人们的物质生活。我国考古学家曾在河南信阳长台关发掘出一座战国楚墓，在出土的文物中，有一个古代竹枕，这是迄今为止我国考古工作者发现的最早的古代枕物，说明早在春秋战国时期，人们便使用竹子制作枕头。西汉时出现了漆枕和丝织枕头。到了唐宋时期，瓷枕最为盛行。明清以后，还出现了藤枕、布枕、皮枕、玉枕等。在中国古代，数量最多的枕头当数陶瓷枕。同其他日用陶瓷品一样，陶瓷枕是随着陶瓷工艺技术的发展而产生的。陶瓷枕最早出现于隋代，唐朝时开始大量生产，两宋及金、元时期最为盛行，明清两代逐渐衰退。

在枕头的发展史上，枕头的形制也可谓五花八门。用药物填制的枕头，叫"药枕"；瓷制的枕头，称"瓷枕"；做成卧虎状的枕头，叫"虎枕"；用圆木做成的枕头，人睡眠时容易觉醒，称为"警枕"；用兽角装饰的枕头，叫"角枕"；用布制作的枕头，叫"布枕"。以瓷枕为例，就有长方、腰圆、云头、花瓣、椭圆、八方、银锭、卧女、鸡心、婴孩、伏虎、蛟龙等多种形状。枕面上描绘人物山水、鱼虫花草、飞禽走兽，或者题上诗词、书法等内容。中国瓷器的发达，使瓷枕中出现了大量精美的艺术品。而在布枕上，古代闺中女子常会绣上精美的图案，如凤凰、鸳鸯、牡丹、蝙蝠等，图案精美、构思巧妙、花样繁多，展示着古代女子的心灵手巧，令人赞叹不已。布枕需要枕芯，枕芯的填充物因地制宜，如荞麦皮、小米、乌拉草、蒲棒、棉花、绿豆等。古人还有"枕帏"一说，其又称"枕囊"，是采集香花缝入囊内制成的枕头。例如，陆游说他"今秋偶复采菊缝枕囊"；李时珍《本草纲目》中则提到"明目枕"，里面塞的全是草药，可起到清火明目的作用。

2. 枕头的用途和正确使用方法

(1) 枕头的用途

与枕头直接接触的是人体的颈椎部位，而颈椎与人体的肩背和腰部肌肉、韧带、椎间盘等都密切相关，因此，枕头的核心功能是护颈。

颈椎有一个前凸的弧度，称为生理性前凸，人们在任何情况下，都以能保持这种自然生理弧度为最舒服。人在睡眠时也应保持颈椎正常的生理性前凸，这样才符合颈椎的生理要求。

枕头的作用是睡觉时垫在头颈部下面，使颈椎在人睡觉时也能够维持正常的生理弧度，并使颈部皮肤、肌肉、韧带、椎间盘、椎间关节以及穿过颈部的气管、食道、神经等组织器官在睡觉时与整个人体一起放松与休息。

枕头不仅要能够很好地承托颈部的前凸，同时还要能够很好地容纳头颅枕部（后脑勺）的后凸，只有如此，颈部各组织器官才会处于一个放松休息的状态。不合适的枕头、不正确的睡眠姿势，可能会引起颈部韧带、肌肉张力过大而加速椎间关节蜕变及导致功能紊乱。因此，选择一个合适的枕头对于舒适的睡眠与颈椎的保健都有着至关重要的影响。

(2) 枕头的正确使用方法

我们虽然天天在使用枕头，但对枕头的使用缺乏正确

认知的人不在少数，一个主要的误区是枕头是用来枕
"头"的，正所谓"高枕无忧"，而实际上，枕头的核心
作用是"护颈"（见图 3-1）。

枕头只睡一半，颈椎悬空，不宜

仰睡时肩部超过枕头，颈椎受压迫，不宜

枕头太高或超过肩部，颈椎变形，不宜

图 3-1 错误的枕头使用方法

资料来源：江苏康乃馨纺织科技有限公司。

不正确的枕头使用方法会造成颈椎和颈部的肌肉损
伤：枕头过高，会造成颈部的压力过大；枕头过低，会引
起供血不足。如何正确使用枕头呢？

枕头的垫法：在仰卧时，一般仰角 15° 是最理想的。
肩头应接触到枕头，最理想的状态是枕头正好能支撑颈部
和后脑部分。侧卧时，脊椎笔直不弯曲是最理想的状态
（见图 3-2）。

睡觉翻身是为了消除身体的瘀血和闷热感，成人一晚
上会翻身 20~30 次。最理想的枕头是不论人体在仰卧还
是在侧卧时，都能使人体保持理想的睡觉姿势。一般在仰
卧时使用枕头的中央部，在侧卧时使用枕头的左右两侧。

正面满足人体颈椎前凸曲线设计，符合颈椎生理曲线，提供足够的颈椎支撑。

核心基本需求——护颈功能

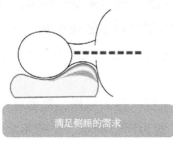

侧睡时保证头部与肩部高度持平，提供足够的支撑。

满足侧睡的需求

图3-2　枕头的垫法

资料来源：江苏康乃馨纺织科技有限公司。

3. 枕头的功能演变

枕头除了具有睡觉的功能外，在古代还是文化、地位的象征，现代社会更是开发了枕头的其他功能，比如健康保健和理疗祛病等。

历史上有一种称作"警枕"的圆木枕头，以状如木球的小圆木为枕，熟睡后脑袋若稍有移动，便会滑落下来而警醒，故曰"警枕"。东汉蔡邕曾写过一篇《警枕铭》；唐末陆龟蒙《和人宿木兰院诗》亦云："犹忆故山歃警枕，夜来呜咽似流泉"；五代吴越王钱镠年轻时在军中怕误了大事，"倦极则就圆木小枕"；北宋司马光发愤勤勉，也以警枕休憩，一旦警醒便刻苦著书。

古代还有一种匣状枕头，中间可以存放物品，称为"枕函"。"枕函"往往是带锁的，在家当作保险柜，即使睡觉时也能看好贵重物品。"枕函"出门则是旅行箱，里面既可以放置零物，又可以在漫漫旅途中随处止歇。所以现在常用"枕中术"表示不二秘术，用"枕中书""枕中鸿宝"泛指珍秘典籍。

在古代，枕头也是爱情的象征。爱人结婚，鸳鸯枕是必不可少的嫁妆。枕绣鸳鸯，意为同心同意、至死不渝。女子结婚时常常带上自己绣的鸳鸯枕到夫家，赠送相好情人也多是鸳鸯枕。红娘护送崔莺莺相会张生，手里就抱着一个鸳鸯枕。高阳公主嫁人后却芳心另许，与和尚辩机缠缠绵绵整八年，高阳公主赠送辩机定情信物无数，其中就包括一只皇室专用的金宝神枕。曹植与风华绝代的嫂嫂甄氏互相爱慕，情投意合。然而，这种感情悖伦违理，二人终未敢越雷池半步，最后甄氏相思成疾，抑郁而终。伤心欲绝的曹植梦中与甄氏"欢情交集"，无限缠绵之后，甄氏留玲珑枕一具，人去枕留香。

根据现代医学研究，人体的脊柱从正面看是一条直线，但从侧面看是具有三个生理弯曲的曲线。为保护颈部的正常生理弯曲，维持人们睡眠时正常的生理活动，睡觉时须采用适合颈椎生理曲线的枕头。此外，随着现代生活节奏的加快，人们的生活压力越来越大，都市白领的工作与学习压力与日俱增，人们长期久坐，引起了很多颈椎方面的疾病。颈椎保健刻不容缓，市面上出现了很多保护颈椎的产品，其中功能枕头受到了大家的追捧。

4. 古代和近代枕头的分类

（1）石枕

石枕指用石料做成的枕头（此处的石料指普通石料）。远古时期，人们并不重视枕物的外观或材质，凡是能起到垫高作用的即可为枕，因而大都以草捆或石头把头垫高来睡觉。石头是随手便能拿到的材料，方便使用。后世多在夏季使用石枕，其与竹席搭配，为乘凉之物。宋代名相王安石在《次韵欧阳永叔端溪石枕蕲竹簟》一诗中写道："端溪琢枕绿玉色，蕲水织簟黄金纹。翰林所宝此两物，笑视金玉如浮云。"可见其对石枕竹席之清凉的赞赏。

人在站立时，由于地心引力及活动的原因，脚部血液循环相对较好。而在睡眠时，人是平躺的，血液则更多地流向头部使头部充血，所以很多人易睡眠质量不佳或失眠，晨起时头脑常不清醒。古人推崇石枕，一则用以抬高头部，保持头高足低位；二则石枕硬且凉，可保持头凉脚热。垫高头部可以阻止过多血液向上涌，凉石则可以实现冷敷和降低头温，使血液更多地流向足部，起到调节和改善血液循环的作用。故此选用的石料凉度越大越好，以河石为佳，石面要平，如略带麻面则能更有效地对头部穴位起到按摩作用。人的头部有八条经脉和许多重要穴位，睡眠时，头部在石枕上滚动刺激，对有关穴位能起到良好的按摩效果。石枕实际成了一种保健工具，像针刺、锤扣疗法一样，可刺激脑神经，具有健脑强身的作用。值得注意的是，石枕寒性较强，并非人人可用，孩童和老人不可使用石枕；体质较弱、胃寒气虚的人使用石枕会加重病症，使病期延长；素体虚弱，阳气不足的人使用后，会导致寒凉侵体，加重原有症状；患有肩椎病、颈椎病、感冒、脑梗患者以及产妇和经期女性等，要避免使用。

（2）木枕

木头是制枕的常见材料。黄杨生长期长，取材不易，历来被视为制枕的高级木料，《酉阳杂俎》提道，"黄杨木，性难长，世重黄杨以无火……为枕不裂"。唐人张祜还写有《酬凌秀才惠枕》一诗，对黄杨木枕垂意颂咏，诗云："八寸黄杨惠不轻，虎头光照簟文清。空心想此缘成梦，拔剑灯前一夜行。"

（3）竹枕

竹枕最早出现在战国时期，据考古发现，河南信阳长台关战国古墓里出土的漆木床上就有一个保存完好的竹枕。凭借竹子的特性，比如火烘可进行弯曲，竹枕在外形上发生了很多的改变，更接近于人体的需求，但竹子本身的硬度还是会让头部有不适应的感觉。

（4）藤枕

藤枕用藤萝之条编制而成，做工极为精简，是古人夏季使用之物。吕炯《藤枕》诗曰："藤枕消闲处，炎风一夜凉。"宋代诗人郭印写道："剡藤新织就，一榻共清凉。琥珀珍难得，龙头贵莫当。不辞拳石冷，宁羡锦囊香。梦觉华胥乐，神怡四体康。"藤枕具有通透性，枕下凉风习习，适合炎热的季节使用。

（5）陶瓷枕

陶瓷枕始于隋唐，盛兴于宋元时期，在我国枕具历史中长期占据主流地位。由于其材质易于保存，传世的数量较多。陶枕，质地坚硬粗糙，一般不做日常使用，而是作为随葬器具，常于古墓中被发现。瓷枕，性清凉，不宜寒冬使用，却是消暑的凉物，是一种夏季盛行的寝具。古时各具匠心的陶瓷工匠们十分注重陶瓷枕独特的艺术表现手法，遂使得我国古代陶瓷枕中常有精品涌现。

（6）纺织品枕

汉代出现了纺织品制作的软质枕具的雏形，用料主要有绢、锦两种。纺织品枕出现虽早，但直到明清才得以普及，且技艺日渐成熟。以纺织品缝制成长柱状即为纺织品枕，其两端多呈正方形，上面刺绣各种图案，如人物，以及动物、植物等，人们称之为"枕顶绣"。纺织品枕的内囊由棉或布填充而成，有蓄热、御寒的功效，因此这类枕头大多在北方使用。但棉、布容易吸汗蓄热，透气性不甚理想，因此很容易滋生细菌和小虫。

（7）皮枕

皮枕的原料有猪皮、牛皮、生漆、桐油、芦花、竹篾、布及颜料等，以皮革包裹，内絮黄藤、竹篾、芦花。也有直接以松木为枕胎的，外布油灰，抛光后涂以多道大漆，绘上花鸟、山水，以及人们钟爱的"天女散花""嫦娥奔月""黛玉葬花"等多种经典图案，配以"福庆吉祥""延年益寿"等词句。其造型美观，款式新颖，色彩光亮夺目，漆面光滑，具有较高的艺术欣赏价值。其质地柔软，富有弹性，凉爽卫生，经久耐用。即便是在盛夏酷暑，枕上皮枕也让人感觉舒适凉快，不易沾汗，具有寒暑皆宜的特点。

（8）玉枕

古人视玉枕为珍宝，认为玉是尊贵、吉祥之物。据说玉石有活血化瘀、促进正气的功效，能使人气血旺盛、容光焕发。

（9）水晶枕

水晶也是一种较为珍贵的材料，据说水晶制枕可以趋吉避凶，减少梦魇。

（10）磁枕

早在远古时代，我国古人就发现磁铁具有指出南北方向的特性，因而发明了指南针。据明代高濂《遵生八笺》载："有用磁石为枕，如无大块，以碎者琢成枕面，下以木镶成枕，最能明目益睛，至老可读细书。"冯贽《云仙杂记》记载："益眼者，无如磁石，以为益枕，可老而不昏。宁王宫中多用之。"以磁为枕，主要是依据其药性。我国的药物学经典文献《神农本草经》认为，磁石具有潜阳纳气、镇惊安神的功效，主治眩晕、目昏、耳聋耳鸣、虚喘、怔忡、失眠等症。

5. 现代不同材质及内芯的枕具的辅助治疗作用

现代常用的扁枕分枕面和枕芯，枕面一般为各类纺织品，如化纤、棉布、真丝等，内部以木棉、羽绒、芦花、散泡沫、蒲棒绒、荞麦皮等填充，其总体特点是轻柔松软、滑爽舒适。

（1）化纤类枕面

枕面用普通的人造纤维制成，便宜但不实用，优势在于易于清洗。由于化纤材质不太透气，使用久了容易变形结块，缺乏弹性，致使枕头呈现高低不平的状态，给使用者造成不适。

（2）棉布类枕面

枕面使用纯棉质地的布料，透气性和吸湿性好，并且不刺激皮肤。

（3）真丝类枕面

真丝质地轻软，触感舒适，纤维富有弹性，且具有良好的抗静电性，吸湿性好，对脆弱的面部来说是较好的枕面材料。

（4）植物枕

植物枕用天然植物作填充物，种类多样，功效各异，如荞麦枕和木棉枕。荞麦对人体有明目的功效，枕内的荞麦壳具有微小的流动性，能起到按摩的功用，能够舒缓颈部疲劳。木棉具有天然、抑菌、防霉防蛀、驱螨的特性，对人体皮肤无刺激，质地柔软舒适，吸湿性强，透气性好，可以保持睡眠时头部干爽舒适。

（5）竹炭枕

高温烧成的竹炭颗粒有丰富内孔，可吸汗除臭，释放负离子活化细胞，促进血液循环，加快新陈代谢，缓解疲劳。

（6）羽绒枕

羽绒枕的填充物以鹅绒和鸭绒两种居多，衡量指标为含绒量。羽绒有质轻、松软、保暖的优点，在北方寒冷的地区常用。好的羽绒枕，应采用较大的羽绒，其蓬松度较佳，有强力的回弹力，用一段时间后用力拍打，便会恢复蓬松原状。

（7）记忆棉枕

记忆棉枕，也被称作太空记忆枕、零压力记忆枕、慢回弹海绵枕等。其材质化学名称为聚醚型聚氨酯，最初由美国太空总署研发，随后逐步运用在各项医疗、民用产品之上。这种材料制作的枕头，具有粘弹特性，可随头颈位置的改变自动发生形变，随时保持与颈部紧密结合（见图3-3）。

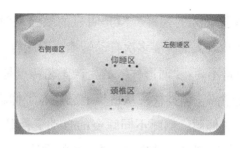

图3-3　记忆棉枕

资料来源：平康乐（北京）科技发展有限公司。

（8）乳胶枕

纯天然乳胶采自橡胶树，合成乳胶则从石油中提炼而来。乳胶弹性好，不易变形，支撑力强，中间有很多通气孔，透气性强，质地比记忆棉柔软。乳胶的特性使得它不会产生灰尘、纤维等呼吸道过敏源。

（9）磁枕

磁枕也称磁石枕，是将若干小磁片用布缝好，放置于枕内制成。磁枕利用了磁场使物体产生磁场效应的原理，对耳鸣、失眠、神经衰弱等有一定疗效。

6. 功能枕的设计原理与功效

目前，市场上的功能枕品种繁多，如"O形枕"，起到垫起头部的基本功能，其生产工艺简单，弊端是托头而不能承托颈椎；"B形枕"以记忆枕为代表，生产工艺特点是切割或者用模具做成B形，该类枕头在结构上适合仰睡，可以承托起人的颈椎，但其明显的缺陷是没有侧睡区设计，由于夜晚人的睡姿多次自动转换，因此容易导致人的睡眠总体质量不高；"回形枕"的生产工艺特点是回字造型，中间低两侧略高，该类枕头从造型上已经有了仰睡、侧睡区域的划分，对仰睡、侧睡不同睡姿的自动变换基本能适应，但对睡姿如何实现自然过渡没有进一步的设计。

（1）功能枕的设计原理

功能枕根据颈椎的生理曲度、人体力学、用户反馈和临床经验而设计。

1）调节棒——可自由调节枕高

由于不同的人对枕头高度的需求不同，同一个人的仰睡侧睡高度亦不同，功能枕创新性地内置了三个不同硬度的调节棒，用来调节枕头肩颈部位的高度，因而可满足不同用户养护颈椎的需求（见图3-4）。

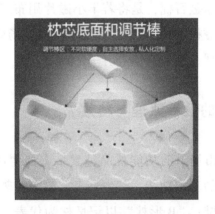

图3-4　功能枕枕芯底面和调节棒

资料来源：平康乐（北京）科技发展有限公司。

2）三分区——仰睡、侧睡自由切换

由于每个人的仰睡和侧睡对于枕头高度的要求不一致（即仰睡低、侧睡高），功能枕划分出三个"享睡区"，即仰睡睡中间"低洼区"，侧睡睡两边"高原区"。三个"享睡区"之间可以根据个人的睡姿习惯自由地来回切换，从而满足不同睡姿对于养护颈椎的需求，并且减轻侧睡时对受压手臂的压迫感（见图3-5）。

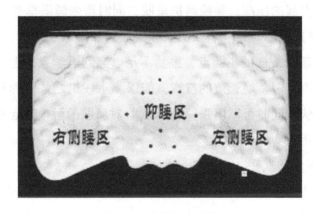

图3-5　功能枕三分区

资料来源：平康乐（北京）科技发展有限公司。

3）差异化的前高后低——颈部完全贴合托付，减少落枕

人在仰睡、侧睡时头部与颈椎的曲线及其作用力是不同的。功能枕打破了传统的前高后低的设计样式，依据头颈部的生理曲度和人体力学设计出仰睡、侧睡时头部和颈部不一样的高度，加上调节棒的高度调节作用，起到了颈

部完全贴合托付的养护作用。而且，仰躺在中间的"低洼区"犹如躺在妈妈的怀里一般，享受着婴儿般的呵护，可减少落枕，起到促眠效果。

4）河蚌式耳洞——耳部、面部也要零压力

由于侧睡时易使耳部受压发麻，引发耳鸣及面部麻木、起皱纹，功能枕创新性地把侧睡脸部位置设计成河蚌式耳洞，使面部、耳部处于零压力状态，减少女性皮肤因侧睡引起的压痕，整晚呵护皮肤，同时增强睡眠享受。

5）按摩点——增强肌肤和头皮的触摸感

直径2cm的小圆点，虽然不足以起到医学意义上的按摩作用，但整晚长效的按摩，能以滴水成川之势保养和修复肌肤，同时可以增强"按摩点"对肌肤的触摸，起到促眠作用。

6）透气孔——透气

功能枕（见图3-6）上遍布透气孔，可起到透气作用。

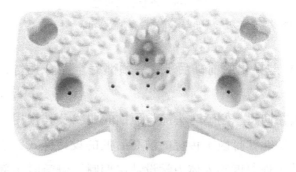

图3-6 布满透气孔的功能枕

资料来源：江苏康乃馨纺织科技有限公司。

7）记忆棉——软硬适中、稳定性更佳

根据试验结果，功能枕采用的 5S 慢回弹的记忆棉材料，集舒适和颈椎养护功能于一体。

8）多种面料——可自由选择

功能枕采用环保布料，并可根据气候变化，采用不同材质的面料。夏季采用凉爽性的布料，比如竹纤维和冰丝等布料，让夏天睡起来更凉爽；冬季采用保暖性、速暖性强的布料，比如天鹅绒、棉布等（见图 3-7）。

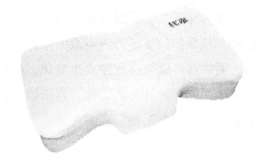

图 3-7　天鹅绒面料的枕头

资料来源：平康乐（北京）科技发展有限公司。

（2）功能枕的功效

功能枕能实现夜晚不同睡姿的自然过渡，其仰睡、侧睡三区呈黄金分割比例，仰睡区和侧睡区自然过渡形成 0.618 黄金分割点，实现夜晚仰睡、侧睡自动适应，使人达到深度睡眠，也就是黄金睡眠状态。最新的枕头结构理论指出，"一只枕头，两种高度"和"仰卧、侧卧自然过渡"是人类睡眠科学发展到现代的最新认识。"一只枕头，两种高度"揭示出现代人对于睡眠枕头的进一步需求。从采用简单的回字造型技术，睡侧分区但是没有划分比例的时代，已经过渡到一个新的阶段。忙碌的现代人越发追求深度睡眠时间的延长，追求夜晚睡眠质量的提高。

1）矫正、养护颈椎

功能枕通过独特的枕头结构，矫正颈椎异常，并能持久养护颈椎，从而具有颈椎病治疗与康复的功效。

2）缓解打鼾

打鼾大多数情况下是由舌部与喉部等气道之间的空隙狭小而引起的，且颈部的姿势对该空隙大小具有重要的影响，即后仰、侧睡都可以使该空隙发生变化。根据这一情况，并开展临床研究，设计出功能枕，其依睡姿使气道尽量扩大，从而减小鼾声甚至使鼾声消失。

3）促眠

功能枕通过养护颈椎、缓解打鼾来促眠，还通过各种细节设计来多方位地促眠。

7. 药枕的历史、治疗原理、特点和分类

（1）药枕的历史

枕具发展的历史中不可忽视的一点是药枕的出现，这是传统枕具留给后人的珍贵遗产，具有传承意义。中国的中医文化博大精深、源远流长，是祖先留下的传世之宝。

古人制枕的材料层出不穷，其中就有中草药，利用中草药制成的药枕有保健、养生、延年益寿的功效。药枕是将本草药物填入枕内制成的，它使人们枕之入睡时与头部接触，具有一定保健作用，可以起到舒缓神经、镇静安神、保护颈椎等作用，发挥防病、祛病的效果。中医认为，人的头颈之处经络密布，穴位众多，久卧药枕，可使药物缓慢持久地刺激经穴，从而起到祛病延年的作用。

药枕的起源可以追溯到上古时期，具体起于何时已不可考。早在晋代葛洪《肘后备急方》中就有用蒸大豆装枕治失眠的记载，其文曰："暮以新布火炙以熨目，并蒸大豆，更番囊贮枕，枕冷复更易热，终夜常枕热豆，即立愈也。"唐宋时期药枕得到进一步发展，著名医学家孙思邈早有"闻香祛病"的理论，以药枕治头、颈诸疾。其《千金要方》载"治头项不得四顾方，蒸好大豆一斗，令变色，内囊中枕之"。李时珍《本草纲目》中也有载，"绿豆廿寒无毒，作枕明目，治头风头痛"。清代刘颢《广群芳谱》载"决明子作枕，治头风明目胜黑豆"。吴师机《理瀹骈文》中记述了吴英枕治大风犯脑、桑叶决明枕治肝风等疾病的例子。古时的药枕的确是一种治疗工具。

（2）药枕的治疗原理

"诸阳之会，皆在于面"。中医认为，头为诸阳之会，与全身经络俞穴紧密相连；头乃精明之府，气血皆上聚于头部。使用药枕时，药物靠近头部或挥发作用于头部，从而平衡气血、调节阴阳，达到治病祛邪的目的。药理研究证明，某些芳香性药物的挥发成分有祛痰定惊、开窍醒脑、扩张周围血管的作用。药枕发挥了药物治疗、经络调节和生物全息疗法的综合优点，从而起到激发经气、疏通气血、开窍醒目、调整脏腑、协调气血等整体调治功效。

药枕疗法主要依据于中医学的整体观理论观点，强调人体内外环境的协调统一，利用药物的挥发性及其所形成的药理环境对使用者形成良性刺激，形成包括枕质、枕形、药物气味等多方面的综合环境，进以激发经气、疏通经络、调整气血、开窍醒目，促使阴阳平衡以及机体内外上下的协调统一，从而达到防病治病、保健益寿的目的。

（3）药枕的特点

不同于以往的治病手法，药枕使用方法简便，没有痛苦，容易推广；不受医疗条件和设备的限制，只要在日常睡觉的时候枕在头下即可；配药方便节约，配好后可使用较长时间；施治广泛，疗效可靠。千百年来，中医为我们积累了丰富的实践经验，内科、外科、妇科、儿科、骨科、皮肤科、五官科等几乎所有的临床病症均可辨证地使用枕疗。药枕既能治病，又能防老抗衰，对一些服药困难者尤为适宜。药枕疗法属外治范畴，但药物没有直接接触人体，而是通过血管、神经和经络对机体起作用，吸收量少，基本无毒性反应，安全可靠。

药枕疗法起效速度相对缓慢，对于急性病、重危病症患者不推荐药枕治疗。一般来说，药枕疗法长于预防，主要作用还是辅助治疗，给病人制造一个良好的环境，可稳定病情并加速康复，防止疾病复发。中医学原理治疗的特点是无论治病和养生均需要根据患者的具体情况辨证施治，药枕疗法也是如此。不同的人情况不尽相同，其药枕的配方也应不同。现在很多使用药枕的人感觉疗效甚微，以至觉得药枕没有作用，关键原因就在这里。不同的人需针对其个体特异性配制专门的药枕，才能有效预防和治疗疾病。

小贴士

药枕防病治病的优势是什么

根据中医的整体观理论和辨证论治的观点，利用药物的药性，结合不同的病症，通过把药物放入枕头中发挥药性刺激，进而激发经气、疏通经络、调整气血，达到防病治病的目的。读者朋友们请注意：一定要在医生的指导下选购药枕。孕妇、儿童和体弱者慎用药枕。

（4）药枕的分类

1）薰衣草助眠枕

薰衣草有安抚情绪、改善失眠的功效。还可促进细胞再生、抗氧化，具有美容保健功效。

适用人群：适用于大部分成人，尤其是精神压力大、失眠多梦、高血压人群。推荐女士使用。婴幼儿、儿童及过敏人群慎用。

2）艾草通络枕

艾草的穿透力极强，可疏经通络、行气活血、祛湿逐寒、消肿散结。现代医学的药理研究表明，艾草是一种广谱抗菌、抗病毒的药物，它对很多病毒和细菌都有抑制和杀伤作用，对呼吸系统疾病有一定的防治作用，能很好地预防感冒。艾草通络枕能有效改善颈肩疲劳、颈椎僵硬、肩颈腰腿不适及损伤、疼痛症状；增强人体免疫力，调理身体机能（见图3-8）。

适用人群：适合人群比较广泛，大部分年龄段人群都可以使用。最佳适用人群为长时间使用电脑、手机的白领一族及久坐的司机等。

图3-8　艾草通络枕

资料来源：南通觅睡方家居科技有限公司。

3）决明子明目枕

决明子清肝明目，可明目安神，保护视神经，清热醒脑，清肝益肾，降压通便，降脂瘦身。

适用人群：一般人群都可使用。尤其适用于青少年、上班族等用眼过度人群，以及青光眼、白内障、羞明多泪、视物模糊的中老年人群。

4）香樟防虫枕

香樟的主要成分为樟脑、桉油精等，是天然的防虫除菌高手，其他成分如松油二环烃、樟脑烯、柠檬烃、丁香油酚等物质有净化有毒空气的功能，可消除异味。

适用人群：一般人群都可使用。孕妇及小孩禁用。

5）茶香安神枕

茶香缓压安神，绿茶粉含有维生素 C 及类黄酮，具有良好的抗氧化和镇静作用。茶香安神枕可减轻人体疲劳，解除紧张焦虑，舒缓压力，放松神经，帮助人入睡。同时作为天然植物，绿茶本身有消毒、灭菌的功效。

适用人群：一般人群都可使用。尤其适用于工作生活压力大、睡眠质量不佳的人群。推荐女士使用。

6）菊花清热枕

菊花除燥清热，是自然界中少有的闻香可健体类植物，内含大量挥发性天然菊香，可激发头部的经络俞穴，改善微循环。菊花清热枕（见图 3-9）有清热解毒、明目、抑菌消炎、镇静止痛、除燥降压、消除大脑疲劳等功效。

适用人群：一般人群都可使用。尤其适用于从事脑力劳动、用眼过度、温热体质的人。夏天最宜使用。

图 3-9　菊花清热枕

资料来源：南通觅睡方家居科技有限公司。

8. 新材料枕

（1）温感记忆棉枕

温感记忆棉是 1966 年由美国太空总署（NASA）为减轻宇航员离地时身体所承受巨大压力而研发的。温感记忆棉最初被称为"慢回弹棉"，其开放的细胞组织允许空气在其中流动，受压时一部分空气被挤出，压力去除后由于空气的重新注入慢慢弹回原来的形状。

温感记忆棉枕（见图 3-10）的特点：

● 吸收冲击力。枕在上面时感觉好像浮在水面或云端，皮肤无压迫感。我们使用普通的枕头时会有压迫耳郭的现象，但是使用记忆棉枕就不会出现这种情况。

● 按照人体工学设计，有记忆变形、自动塑型的能力。可以固定头颅，减少落枕可能。自动塑型的能力可以恰当填充肩膀空隙，避免肩膀处被窝漏风的常见问题，可以有效地预防颈椎问题。

● 防菌抗螨。慢回弹棉可抑制霉菌生长，驱除霉菌繁殖生长产生的刺激气味，在有汗渍唾液等情况下，效果更为突出。

● 透气吸湿。由于每个细胞单位间是相互连通的，所以吸湿性能绝佳，同时也是透气的。

适用人群：失眠多梦、压力大人群，患有颈椎病的上班族，尤其适合老年人和学习压力大的学生。

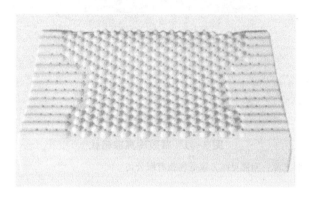

图 3-10 温感记忆棉枕

资料来源：南通觅睡方家居科技有限公司。

（2）凝胶冷爽凉感枕

凝胶是介于液体和固体之间具有特殊弹性的半固体状态的胶质。

凝胶冷爽凉感枕（见图3-11）的特点：

● 表面凝胶，透气、恒温、清凉。

● 记忆棉支撑，耐用保形，合理承托。

● 慢回弹零压力。

- 符合人体工学原理，保护颈椎，加倍舒适。

适用人群：一般人群都可使用。特别适合学生、上班族人群，以及一些体内积热过重、易出汗的人群。夏季使用更佳。

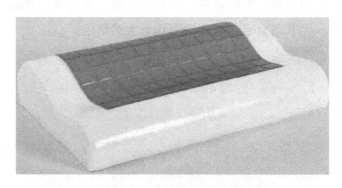

图3-11 凝胶冷爽凉感枕

资料来源：南通觅睡方家居科技有限公司。

（3）天然乳胶枕

乳胶是从有一定树龄的橡胶树中，在规定的时间、切口割胶时流出的液体，呈乳白色。

天然乳胶枕（见图3-12）的特点：

- 天然材质，橡树蛋白防螨抗菌，安全环保。
- 多孔网状结构，清新透气。
- 波浪凹槽，轻柔按摩。
- 符合人体工学原理，保护颈椎，加倍舒适。

适用人群：适合全年龄段人群。尤其适用于受到呼吸道系统病症困扰的人群（鼻炎、气喘、打鼾等）及老年人、上班族、司机等睡眠不佳、颈椎不适的人群。

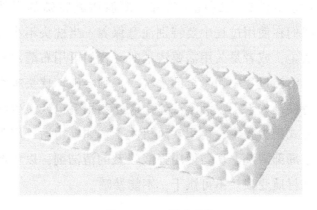

图 3-12　天然乳胶枕

资料来源：南通觅睡方家居科技有限公司。

（4）新材料枕使用注意事项

新材料枕大多数用记忆棉或者乳胶作材质，使用时需要注意以下几点：

第一，刚打开包装时，可能会有微弱的原料气味，属正常情况，请正反面反复拍打枕芯，一般气味就可消散。如果对气味比较敏感，建议把产品放置在阴凉处通风 2~3 天。

第二，使用时，请尽量让枕芯的曲线贴合头颈部，以利于枕头更好地承托肩颈部位，保持睡眠时良好的呼吸频率，使颈椎呈自然水平的放松状态。

第三，初次使用可能会有失重和不适感，3~5 天后会逐渐习惯。

第四，枕套可以拆洗。为了不影响产品外观和使用寿命，请按照洗标上的说明洗涤。凝胶因其特殊的属性要求，我们在使用过程中要特别注意保养。当枕头不小心黏附了灰尘，或者是久用需要清洁时，我们可用布蘸水轻轻擦拭，清洁过程中切忌全部水洗，否则会破坏枕头本身的物质特性。如果不慎洒落液体，应立刻用毛巾或卫生纸以重压方式用力吸干，再用吹风机吹干。如有污垢可用肥皂及清水局部清洗，切勿使用强酸强碱的清洁剂，以免造成褪色和材质受损。不可烘干，不能暴晒。

第二节　枕头的使用状况分析

1. 枕头的使用现状

目前国内的枕头市场可细分为普通家用品、健康品、礼品、新人、儿童、酒店及个性定做等市场。其中，普通家用品及健康品市场份额较大，产品大致分为两大类：普通枕和保健枕。普通枕的枕芯以化纤枕芯为主，因为其价格比较便宜，占据了比较大的市场份额，其次是羽绒枕芯。羽绒是天然蛋白纤维，材料环保，羽绒枕压缩回弹性极好，可以完全支撑颈椎。此外，羽绒枕透气性强，使用时间也长。虽然现在越来越多的人选择羽绒枕芯，但由于羽绒枕芯价格较高，因此普及程度较低，而且市场上羽绒枕芯价格参差不齐，质量高下难以判断，这也是羽绒枕芯销量较低的原因之一。

随着人们生活水平的不断提高，消费者的健康意识越来越强，吃穿住行都追求健康，而枕头作为人们的生活必需品，成为人们关注的热点，人们希望枕头既环保又保健。比如，在大多数人心中荞麦壳天然、环保并具有一定的按摩保健功能，因此，荞麦壳枕成为很多消费者心中的首选。

随着现代人工作、生活节奏的加快，颈椎不适的人群越来越多，发病人群也越来越年轻化，对专业的护颈枕的需求越来越大。目前不少消费者已经开始接受量体定枕、健康睡眠枕等理念，保健枕逐渐成为主流。保健枕以记忆枕、护椎枕、护颈枕以及中草药枕等为主。目前市场上发展最快的是以记忆棉、乳胶为原料的各种护颈枕，此类枕头具有一定支撑和回弹作用，材料具有较好的可塑性，且符合一定的生理曲线，逐渐被更多的人群所接受。但是，市场上绝大多数被人为打上功能性或护颈保健标签的枕头，实际护颈和保健功能有限，且难以分辨，但销量依旧不错。

随着人们对枕头越来越关注，枕头市场出现多样化的发展趋势，但也存在一些问题。

（1）产品缺乏质量标准

枕头的填充物种类非常多，但相关部门并没有对不同填充物的质量做出要求和规定，现在的标准也大多都停留在对枕头外观的要求上，因此，枕头产品需要国家、行业制定适当的质量标准。

（2）行业缺乏领导者，产品同质化严重

市面上枕头品种虽然非常多，但产品同质化严重，无论是在实体店还是在电子商务平台，我们看到的枕头基本相同。虽然国内也有一些大的家纺公司比较知名，但其生产的枕头并没有什么技术特点，缺乏创新性。

（3）功能研发设计比较弱

枕头行业缺乏专业的产品设计师，一些产品品质虽好，但缺乏功能开发。比如，有的品牌枕头会使用80支，甚至100支的全棉面料，虽然枕头手感会更好，但对枕头的具体使用功能而言没有一点用处。市场上绝大多数的创意枕仅仅是在增加产品卖点上下功夫，而不是满足消费者对枕头的实际需求，最终只能靠低价促销来取得销售额，造成很多消费者对枕头的功能持怀疑态度。

（4）设计缺乏文化内涵

枕头的发展史带有时代特色和文化内涵，如古代流行的玉枕、瓷枕，都具有鲜明的时代特色。而现在市场上琳琅满目的枕头，具有文化特征和人文气息的枕头少之又少。枕头的设计可以同现在的家居设计文化和装饰风格相结合，体现出使用者的性格、情趣、文化修养等。枕头不仅仅是一种家居用品，还应该表达出人们对生活的主张和文化的诉求。

2. 未来枕头的发展趋势

随着科学技术的进步以及人们对睡眠质量要求的提升，枕头在结构和功能上也会有更多的发展和变化，将更加趋向于舒适、实用和复合保健。

（1）健康舒适

健康舒适一直是人们挑选枕头的首要参考，这要求枕头的结构和材质以人为本，符合人体工学原理，填充物以无味或清雅为主，即枕芯填充物应不易发霉、不易生虫、易清洗、透气性好等。

（2）专业护颈

随着颈椎不适的人群越来越年轻化，人们对专业的护颈枕的需求与日俱增。专业护颈枕与医疗保健枕将是未来枕头发展的主流。

（3）复合保健功能

未来的枕头集防护、保健、审美、装饰、娱乐为一体，更加贴近人们的生活。

（4）绿色环保

未来的枕头设计应遵循绿色环保的理念，天然纤维以及其他天然填充材料在枕头中的应用将越来越广泛。

（5）智能枕

智能枕可以检测人睡眠时的呼吸、心跳等，并根据人体的呼吸和心跳情况对枕头做出一定的调整，如打鼾时或者人体离开枕头时设睡眠提醒。

✎ 小贴士

智能枕在治疗过程中如何发挥作用

智能枕里有传感器，比如体位传感器，可以对我们的睡眠情况做体位分析，这样就能知道我们喜欢什么睡姿，从而指导我们选择合适的枕头和床垫。

第三节 酒店行业枕头使用情况及案例介绍

1. 酒店行业枕头使用情况和分析

酒店大致可以分为星级酒店和经济型酒店。通常情况下，经济型酒店由于房价较低，对枕头的要求也比较低。而高端酒店的枕头具有标准高度统一、质量要求清晰严格、更追求枕头本身的功能和客户的体验等特点。因此，枕头在高端酒店行业具有一些独有的特色。

（1）高星级酒店枕头的特点

在高星级酒店，枕头的功能已经有所变化，除基本的使用功能外，还有装饰功能，能让床更丰满、更好看，同时更追求客户的实际体验感和注重实用功能，如护颈功能。这就对酒店用的枕头提出了更高的品质要求，同时也是为什么很多人住过高星级酒店以后非常想买酒店枕头的原因。

星级酒店提倡奢华、舒适的体验感，因此枕头的材质往往都质量优等，如面料通常以全棉面料为主，填充物则以羽绒或类羽绒的化纤为主，也有用优质的涤纶中空纤维的。那酒店的枕头具有哪些优点呢？

1）良好的填充材料

高星级酒店枕芯基本采用天然羽绒为填充材料，羽绒也是采用较高的执行标准，如大部分国内酒店都采用 GB/T 17685—2016 标准，这是我国最高的羽绒执行标准。同时为了防止部分客户对羽绒过敏，也会配置一些优质的化纤类羽绒枕和中空枕等。

2）专业的枕芯高度和克重配置

依据人体工学原理，以本人的拳头竖立高度为高度，建议仰睡颈部高度在 5 ± 1cm，仰睡位头部高度在 2 ± 1cm，侧睡位脸部高度在 13 ± 1cm（注：以上三个高度为成人高度）。因为人的个体差异较大，每个人的最佳睡眠高度需要根据自身颈椎的生理曲线决定。

而高星级酒店的枕芯高度是多少呢？我们来看一些具体案例（见表3-1）。

表3-1　酒店的枕芯高度　　　　　　　单位：cm

酒店名称	枕芯	产品描述	尺寸	枕芯使用高度
北京××洲际酒店	枕芯	填充物：850g，50%鹅绒，50%鹅毛	90×50	压缩后高度约5.82

续表

酒店名称	枕芯	产品描述	尺寸	枕芯使用高度
苏州××皇冠酒店	枕芯（大）	填充物：50%白鹅绒，50%鹅毛片； 枕中枕设计； 外层：50%鹅绒，520g； 里层：100%鹅毛片，780g	90×50	压缩后高度约5.82
苏州××皇冠酒店	枕芯（小）	填充物：50%白鹅绒，50%鹅毛片； 枕中枕设计； 外层：50%鹅绒，400g； 里层：100%鹅毛片，600g	66×50	压缩后高度约5.5
南京××假日酒店	软枕（小）	面料：100%棉，40S×40S/233TC，高密防绒布面料； 外层填充：50%白鸭绒，350g； 里层填充：5%鸭绒，450g	66×50	压缩后高度约4.6
南京××假日酒店	硬枕（小）	面料：100%棉，40S×40S/233TC，高密防绒布面料； 外层填充：50%白鸭绒，450g； 里层填充：5%鸭绒，750g	66×50	压缩后高度约6.8
上海××智选假日酒店	软枕	面料：100%棉，40S×40S/233TC，高密防绒布面料； 外层填充：50%白鸭绒，350g； 里层填充：5%鸭绒，450g	66×50	压缩后高度约为4.6

酒店名称	枕芯	产品描述	尺寸	枕芯使用高度
上海××智选假日酒店	硬枕	面料：100% 棉，40S × 40S/233TC，高密防绒布面料； 外层填充：50% 白鸭绒，450g； 里层填充：5%鸭绒，750g	66×50	压缩后高度约为 6.8

资料来源：江苏康乃馨纺织科技有限公司。

我们可以看出，酒店软枕压缩高度一般为 4cm~5cm，而硬枕一般在 7cm 左右，比正常枕芯会偏低，这是什么原因呢？

高星级酒店为了体现舒适性，一般都是配置材料柔软舒适的乳胶床垫，并且在床垫上面还会配置一个更柔软舒适的 5cm 立高的羽绒舒适垫，这种环境下，人睡觉时会造成肩部下沉 30%，从而对枕芯的要求高度比正常的低，所以如上所述，酒店软枕高度只有 4.6cm，硬枕也只有 7cm。

正常情况下，枕芯的高度与填充物成正比，因此，酒店枕芯的重量往往决定了枕芯的高度。以羽绒枕芯为例，江苏康乃馨纺织集团总结万豪、洲际、希尔顿、金陵等众多国际酒店集团的服务经验，为酒店羽绒枕芯制定了填充重量标准（见表3-2）。

表 3-2　酒店羽绒枕芯填充重量标准

枕芯	推荐高度（仰睡压缩后）（cm）	推荐填充物克重（g/m²）
软枕	3.5~4	2 050~2 250
硬枕	6~7	3 000~3 350

资料来源：江苏康乃馨羽绒制品科技有限公司

3）良好的透气性能

枕芯具有良好的透气性能才能快速压缩恢复，枕起来舒适。不然，人体在与枕芯表面接触的时候会有闷热感，影响舒适性。酒店的枕头面料除了材质是全棉外，对透气性也有一定的要求（见表 3-3）。

表 3-3　酒店羽绒枕芯国家透气标准

国家标准	透气要求（mm/s）
QB/TT 1193—2012	大于等于 5

资料来源：江苏康乃馨羽绒制品科技有限公司

4）合适的尺寸搭配

高星级酒店枕芯通常会有两个尺寸，可以高低搭配，实现更好的铺床效果，并对不同尺寸的枕芯进行软硬区分。如某星级酒店采用 66cm×50cm 和 90cm×50cm 的枕芯搭配。

5）个性化的枕头菜单

枕头菜单是高星级酒店的特色，以功能性枕头为主，主要为了给酒店客人提供个性化服务，满足不同客户对枕头的需求。如某酒店的 90cm×30cm×15cm 的垫脚枕，采用圆弧工艺，能有效贴合腿部，以乳胶为原料，柔软舒适，能有效缓解客人的腿部疲劳，提升客人休息时的舒适感。

（2）酒店枕头数量以及使用方式

高星级酒店床上往往有大大小小的很多枕头，如一张宽 1.8m 的床前后各有两个枕头，并有大大小小的各种抱枕或装饰靠垫，一句话，高星级酒店的床上堆满了枕头。

五星级酒店一张床上基本上放四个枕头。高星级酒店为什么会配置如此之多的枕头呢？其实，每个枕头都是有特定功能的。

1）仰卧枕使用方式

将一个枕头放在头和脖子下面用来做真正的枕头；一个枕头放在两膝下，使膝关节能够处于轻度屈曲的放松状态，另外两个可以分别放在两只胳膊下，让两个胳膊的肘关节也放松，有利于入眠。

2）侧睡枕使用方式

肩部的宽度会导致头颈部悬空，如果枕头比较低，可以将两个枕头叠在一起枕；另拿一个夹在两膝之间或者放在上边一条腿的膝盖下；再拿一个抱在怀里，将左肘部也垫起来，这样会感觉非常舒服。

3）靠垫枕使用方式

枕头的另外一个用途是让背部放松。住酒店时，有人喜欢坐在床上看电视，这时就可以拿两三个枕头靠在背后，搭起一个"美人靠"，使背部不那么紧张。有的酒店甚至会专门配置两个大的靠垫枕，这样，一张床上就会有至少6个枕头。这也是为什么酒店床上放置那么多枕头的原因。

2. 酒店枕头使用案例介绍

我们以江苏康乃馨羽绒制品科技有限公司的研究成果为基础，以高星级酒店配置的羽绒枕为主，并和保健枕搭配来介绍酒店枕的具体使用情况。下面就为大家介绍几款酒店枕。

（1）荞麦羽绒枕

荞麦壳软硬适中、通风透气、冬暖夏凉，枕之可清热除疲，有益于头部血液循环，能预防颈椎病、背脊酸痛，并可明目，是很多保健枕的首选。但是荞麦壳也有一些缺点，如易碎、易生虫。为将荞麦壳的功能与酒店高端体验相结合，江苏康乃馨羽绒制品科技有限公司经过研究，开发了一款将荞麦壳和羽绒相结合的枕芯，可以克服荞麦壳的弊端，同时不影响羽绒的寿命。这项发明获得了国家知识产权专利（见图3-13、图3-14）。

（2）清爽透气羽绒枕

清爽透气羽绒枕的枕芯在羽绒中复合100%中空的小管颗粒，能够解决羽绒保暖性太好但易产生闷热感的问题。同时，颗粒状的中空小管在与人体头部表面接触时，具有按摩、促进血液循环的功能（见图3-15、图3-16）。

图 3-13　荞麦羽绒枕芯

　　资料来源：江苏康乃馨羽绒
制品科技有限公司。

图 3-14　荞麦壳

　　资料来源：江苏康乃馨羽绒
制品科技有限公司。

图 3-15　清爽透气羽绒枕芯

　　资料来源：江苏康乃馨羽绒
制品科技有限公司。

图 3-16　中空透气小管

　　资料来源：江苏康乃馨羽
绒制品科技有限公司。

（3）护颈防鼾枕

　　此款枕头的枕芯是江苏康乃馨纺织科技有限公司和中
国睡眠研究会彭志平团队共同开发的一款专业的护颈防鼾

枕芯，具有临床验证和专家评估，并得到了睡眠专家认证，可以有效护颈和改善打鼾症状，并获五项专利认证。此枕芯完全参照人体工学设计，有专为颈椎打造的护颈结构，采用国际首创的智能切换模式，可以瞬间完成侧睡和仰睡的切换；采用仿生河蚌设计，可以让耳朵自由呼吸，零压力；采用现在流行的乳胶作为枕芯原料，柔软舒适（见图3-17、图3-18）。

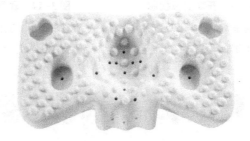

图3-17　护颈防鼾枕芯正面

资料来源：江苏康乃馨纺织科技有限公司。

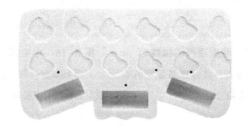

图3-18　护颈防鼾枕芯反面

资料来源：江苏康乃馨纺织科技有限公司。

第四节　　其他枕具及选择注意事项

1. 圆头颈枕

圆头颈枕，我们在乘坐交通工具如火车、飞机时或者居家坐位时可用来保护颈椎（见图 3-19）。

图 3-19　圆头颈枕

资料来源：南通觅睡方家居科技有限公司。

2. 按摩腰靠

按摩腰靠，我们在驾驶时或者办公久坐时可以用来更好地保护腰椎（见图 3-20）。

图 3-20　按摩腰靠

资料来源：南通觅睡方家居科技有限公司。

3. 午睡枕

午睡枕可以方便我们中午休息，以免双臂放在桌子上睡导致手臂麻木，可提高午休舒适度（见图 3-21）。

图 3-21　午睡枕

资料来源：南通觅睡方家居科技有限公司。

4. 颈椎磁灸

颈椎磁灸，根据人的颈部曲线，科学分布 25 颗 4 500 高斯的高能稀土磁颗，穿透力强，形成 360°全方位磁循环；磁颗点阵式排布，使用透气材料，对颈部具有指压按摩效果，同时融合先进的石墨烯发热系统，散发远红外线，增加人体热能，营造舒爽的颈部佩戴环境，为使用者带来舒适的全新体验（见图 3-22）。

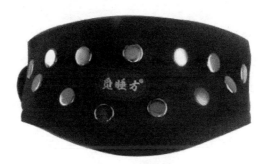

图 3-22　颈椎磁灸

资料来源：南通觅睡方家居科技有限公司。

第四章
床　具

第一节　床具的起源与发展

1. 床具的起源与发展

（1）古代的床

床是人们生活中必不可少的生活用具，人一生中三分之一的时间与床为伍。

原始社会人们生活简陋，睡觉只是铺垫植物枝条或兽皮等。后来，为了满足舒适感与防潮而开始使用由木材或石板搭建的床。对西安半坡村遗址的考古研究发现，六七千年前，原始社会的半坡人就开始使用土炕（仅有10cm高的矮炕），这是床的雏形。公元前4 000年左右的古埃及，床的发展已较为成熟，以结实的木构架支撑，床架的两块侧板上打上扁长的孔，将棕绳或皮绳穿过小孔编成床面，床面铺上厚厚的床垫和褥子，再罩上亚麻布的床单。床的出现与发展，使人类的生活向前迈进了一大步。

1957年，河南信阳长台关一座大型楚墓出土了战国漆绘围栏大木床，这是目前我国所见最早并保存完好的实物床。大木床由床身、床栏和床足三部分组成，周围有栏杆，栏杆为方格形，两边栏杆留有上下床的地方。床长2.18m，宽1.39m，下有6个矮足，足高19cm。这张床又大又矮，因为当时人们有席地而坐的习惯。床框由两条竖

木、一条横木构成，床框上面铺着竹条编的活床屉。床身
通体髹漆，彩绘花纹，工艺精湛，装饰华丽。由此可以看
出，当时的床制作水平已相当高（见图4-1）。

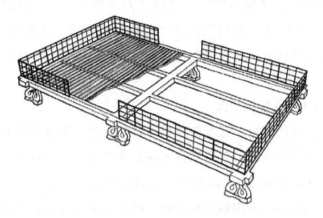

图4-1　战国漆绘围栏大木床

在现代汉语中，床的含义是供人躺在上面睡觉的家具。
在中国古代，床是供人坐卧的器具，与今天只用作睡卧不
同。在汉代或以前，"床"这个名称使用范围更广，不仅卧
具，连坐具也称床，如梳洗床、火炉床、居床、册床等。
西汉后期出现了"榻"这个名称，榻大多无围，所以又有
"四面床"之称，在当时专指坐具，但在后来的生活中常被
古人作为一种搬运方便、可供临时休息的家具而大量使用。
如今人们习惯上将"床"和"榻"并称为"床榻"。

在初唐，人们使用的床已接近现在的床，带幔帐以及
箱型床架，前沿镂有壶门形装饰，帐幔富丽华贵，床上有
精致的坐垫，既美观又舒适。唐代出现桌椅后，人们生活

中的许多活动，如吃饭等都坐椅就桌进行，自此，床由一种多功能的家具，退而成为专供睡卧的家具。

明朝的家具业达到了中国家具发展的顶峰，出现了"架子床"、"拔步床"（又称"八步床"）、"罗汉床"等。"罗汉床"是明清宫廷"宝座"的前身，小的称榻，如现代的沙发。这些形制延续到近代，有些直到今天仍在使用。

（2）近现代的床

近现代社会，随着各种新材料的诞生，出现了各式各样的新材料床品，其中最典型的是席梦思———一种弹簧床垫。100 多年前，美国有个卖家具的商人叫扎尔蒙·席梦思，他听到顾客抱怨床板太硬，睡在上面不舒服，于是想了许多办法，比如在床垫中塞进厚厚的棉花，但没多久床垫就被压实了，当他见到铁丝做的弹簧时，才终于找到了自己想要的床垫填充材料。就这样，1900 年世界上第一个用布包着的弹簧床垫进入市场，立刻受到广大消费者的好评。人们用发明人的姓为它取了名。席梦思床垫为人们创造了一个可以全然放松的睡眠情境，让人睡得健康，睡得舒服，这是对床具的一次革命。

弹簧床垫的革新突破了传统硬板床的概念，推动了人们对更舒适睡眠的追求，对床架的改进也不断推陈出新。随着木质构件承重能力的提升，排骨架床应运而生。由于木质本身具有柔韧性，排骨架床的床面具有一定的整体弹性，因此能够对人体提供更好的支撑，更符合人体工学和力学原理。相比普通的平板床，排骨架床的弹性加上床垫的弹性会使人躺上去时更加舒适，并且透气性好、容易清理。如今各式各样的排骨架结构已得到广泛应用，成为床具普遍采用的承重方式。

现代社会迅速发展，人们对床具的场景需求越来越丰富，于是能够调整床体姿态的电动床获得了人们的青睐，在欧美国家得到了广泛的应用。电动床能通过遥控器或者手机随意调节床体与人体相对应的各部位的升降角度，能让人找到自己最舒适的姿态模式。电动床主要分为欧式和美式两大类，欧式电动床为排骨架结构，美式电动床为板式结构。电动床将多个部分床架设计为组合形式，可任意调节床头及床尾的高度，以最大限度地适应人体的曲线，带来更加舒适的睡眠体验。

随着人们生活方式的改变和生活质量的提高，大众健康意识日益普及，床具与睡眠健康问题得到了越来越广泛的关注，睡眠科学研究对床具的发展起到了重要的推动作用。智能床通过智能监测系统，可以随时监测使用者的心率、呼吸以及睡眠翻身次数等，查看睡眠质量数据；如果使用者有打鼾的情况，智能床感应到使用者呼吸异常后，能轻缓地抬高使用者背部，待使用者呼吸顺畅，打鼾症状得到舒缓后，智能床又会恢复原来的状态。整个过程很轻柔，不影响使用者休息。智能床还可以通过手机 APP 实现远程监控，捕捉到使用者健康异常时会及时报警。同时，随着智能家居的发展，智能床可以与居室内所有智能设备相连，真正做到一键在手，场景随我。

智能床是顺应智能家居潮流而出现的产物，是床类中最先进、最符合人体需求的产品。据了解，在欧美等国家，智能床的普及率在50%~60%，在中国也有越来越多的用户开始使用智能床。随着技术不断发展，功能不断完善，智能床的优势将愈加明显，让人们拥有更舒适、更健康的睡眠。

2. 现代睡眠与现代床具

古人曰："不觅仙方觅睡方，一觉熟睡百病消。"人的一生大约有三分之一的时间是在睡眠中度过的，良好的睡眠是人们身心健康的标志。好的床具除了可以帮助改善睡眠，让人体得到充分的休息外，还能缓解一整天工作带来的紧张感，让身心都得到放松。可以说，一张好的床可以改变一个人的生活状态。《中国网民睡眠质量白皮书》（以下简称《白皮书》）显示，近30%的网民入睡时间超过30分钟，如果躺在床上超过30分钟没有睡着，则或为失眠征兆，在《白皮书》中，90%的网民认为寝具对睡眠有不同程度的帮助。

据中国睡眠研究会专家介绍，衡量人们是否拥有"健康睡眠"的四大标准是：睡眠充分，时间足，质量好，效率高；入睡容易；睡眠连续，不会中断；睡眠深适，醒来倦意全消。真正能让大脑得到休息的是深度睡眠，而深度睡眠则是指大脑工作量甚微、进入安静状态。想要获得健康的睡眠，拥有一款对人体脊柱支撑性能良好、对肢体压力分布均衡的床品至关重要。为什么呢？

白天工作状态中，人体重量与脊柱椎管的方向相一致，突然的运动和长期不正确的姿势会使脊柱椎间盘压力增大，从而加速椎间盘失水，使其失去"缓冲垫"的作用，并引发病变。调查研究表明，80%的人都有过背部疼痛的经历。卧姿是最好的休息方式，此时椎间盘压力较小，可重新获得水分而恢复弹性。如果床具支撑不足，则脊柱将处于非自然弯曲状态，此时，不仅椎间盘不能得到恢复，甚至还会加速脊柱病变。因此，床具支撑，尤其是脊柱支撑特别重要。

当然，人体不是被动地适应床具支撑的，而是有意识、无意识地通过优化睡姿来保证脊柱处于比较理想的状态，使其免受伤害的。因此，支撑不合理的床具不仅影响脊柱支撑，还会增加人体姿势调节和动作行为，从而增大体能消耗，影响睡眠质量。另外，人体体型不同，对床具的支撑需求也不同。实验研究表明，白种人比较喜欢侧卧睡姿，而亚洲人则比较喜欢仰卧睡姿，这不仅是因为文化方面的不同，更重要的应该是源于二者体型方面的差异。例如，亚洲人的腰椎曲线比其他人种平缓。这就意味着采取仰卧睡姿时，亚洲人脊柱变形较小；而白种人由于腰椎曲线与床垫之间的缝隙较大，为了使脊柱保持自然形态，相关肌肉会施力，而当肌肉放松时，盆骨向后旋转，牵动腰椎，椎间盘负荷会增大。此外，年龄也是影响床垫支撑条件的重要因素，老年人一般喜欢侧卧睡姿，并且其睡姿调节明显减少。

很多人认为睡硬床比睡软床好，有利于身体健康，尤其是对脊椎有好处，但实际情况并不一定如此。从中国几百年的传统来看，中国人一般是睡硬板床的，弹簧床、乳胶床等是近代才发明的。但这也不一定代表睡硬板床就好。德国整形科专家托马斯·拉泽尔教授认为，坚硬的床面不能适应人体曲线的需要，容易对肌肉和脊椎造成沉重负担和各种各样的损害。人躺在太硬的床上面，只是头、背、臀、脚跟这四个点承受压强，身体其他部位并没有完全落到实处，脊柱实际上处于僵挺紧张状态，不仅达不到最佳休息效果，时间长了还会对健康有损。

但是凡事都要一分为二看待。睡硬床不好，是否睡软床就一定很好呢？人们习惯上以为钢丝弹簧床最高级、最舒适，其实不然，因为不管采取哪种姿势，身体中段要下陷，躯干会构成弧形，使脊椎周围韧带和椎间负荷过重，增加腰椎生理弯度，长期下去会引起腰痛；特别是有腰椎间盘突出、增生性脊柱炎等骨关节病的患者，久睡软床会使症状加重。此外，睡软床也常使陷入床垫的肌肉不得放松，胸腹腔内脏也易受压迫，使人得不到充分的休息。

因此，床具不宜过软或过硬。床具过硬时，压力分布比较集中，仰卧睡姿下压力主要集中于臀部和背部，腰部缺乏有效支撑，不利于肌肉放松和脊柱保持自然状态；侧卧睡姿下压力主要集中于肩部和臀部，而且腰椎侧卧会使椎间盘压力增大。另外，睡硬床时，由于压力比较集中，局部压力增大，翻身次数等增多，睡眠会受到较大的影响。床具过软时，由于人体与床接触面积增大，翻身和姿势调节所需滚动摩擦力也增大，人体能量消耗会较大，姿势调节比较困难，不仅不利于接触面湿气的散发，也不利于血液循环、神经传导和肌肉放松。同时，床具过软时，臀部极易深深陷入床具之中，不利于脊柱自然姿态的保持。

理想的床铺应该是软硬适中。一是人无论处于哪种睡眠姿势，脊柱都能保持平直舒展；二是压强均等，人躺在上面全身能够得到充分放松。由于每个人的具体情况不同，比如体重、身高、胖瘦以及个人生活习惯、喜好等，因此床具选择因人而异。例如，比较瘦的人，身体的脂肪和肌肉较少，与硬床接触的人体部分和骨骼更容易受到压力，会感觉不舒服，不得不时常翻身，所以适合睡软床。选择床具时最好试躺，身体曲线凹陷部位和床垫之间基本没有间隙，说明人在睡眠时颈、背、腰、臀和腿的自然曲线贴切吻合，软硬适中。

3. 床具系统要求

睡眠科学研究表明，要获得好睡眠，床具系统需满足以下要求。

（1）良好的承托力

具有良好承托力的床具，能分散身体部位的重量，适当承托头、颈、肩、背、腰、臀、腿部肌肉，使肌肉得到深度放松，让不同关节得到适度休息，保证血液循环畅通无阻，人体轻松获得好睡眠。

（2）压力分布均衡

睡眠时，肌肉下压形成压力，压力过度会阻碍全身血液循环，当持续的压力信息传到脑部时，大脑的神经就会做出反射动作——将肌肉收缩绷紧，而持续的紧张状态会使肌肉产生酸痛感，进而影响睡眠质量。因此，床具要能使压力分布均衡。

（3）透气性好

人在睡眠的时候，皮肤毛孔持续分泌汗液，排泄皮脂以及代谢物，调节身体的温度和正常的机能。平均一个晚上，皮肤会排出 0.5～1 升的水分。床具必须要透气，使水分可以顺利散发，以保证连续睡眠的质量与舒适度。

（4）卫生环保

床具须保持卫生。尘埃、皮肤脱落物以及一定的温湿度容易形成有助于螨虫及细菌生长的环境，注意卫生才能拥有健康的睡眠。床具是否环保也直接影响身体的健康，应选择符合环保要求的床具。

小贴士

如何选择适合自己的床垫

床垫的材料和款式很多，一般夏天用透气性比较好、吸汗的材质，床垫不要太厚，15cm 左右就行；冬天用保暖性强的床垫，厚度在 25cm 左右，布料要保暖。床垫的软硬度，可以根据自己的喜好去实际体验，但脊柱不太好的人建议不要睡太软的床垫。

4. 床垫的发展

床垫是睡眠用具中的重中之重，它承受人体睡眠时绝大部分的重量，对于均匀分解睡眠时的人体压力，减少人体翻身次数，帮助人更好地进入深度睡眠发挥着极其重要的作用。同时它也是保持睡眠时人体曲度，减少脊椎变形，从而有效避免脊柱相关疾病发生、发展的最重要因素。现在的新型床垫根据人体七段分区的原理而设计，依人体七大区位（头、肩、背、腰、臀、大腿、小腿）的不同受力，按照人体流线型来设置每个区域的软硬度和支撑点，进行科学切割（见图 4-2）。流线型结构使得内材"动"了起来，无论何种睡姿，都能抵消人体向下的压力，适应人体自然曲线，保护人体骨骼和肌肉，达到最佳舒适度，促进形成优质深度睡眠。

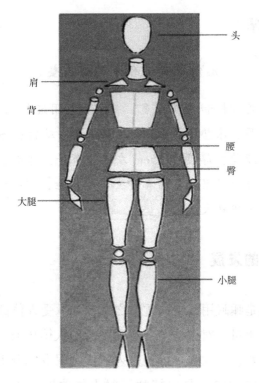

图4-2　人体七大区位

资料来源：南通觅睡方家居科技有限公司。

第二节　智能床的使用与保养

　　智能床不仅能随心操控，设定最佳舒适角度，同时可以对使用者健康状况进行长期监测，通过云端大数据智能分析，为用户提供全面的健康管理服务。

　　智能床（见图4-3）的操控与设备互联非常方便。通过遥控器和手机两种控制模式，可以随意调节床架与人体相对应的各部位的升降角度，能让我们找到最舒适的姿态模式。还可以设记忆模式，使用者可以预先设置好经常使用的模式，把自己最舒适的姿态保存下来，以后使用时按下"记忆位置"一键就能搞定。智能床与室内所有设备相连，可以根据需要对卧室设备进行组合控制，针对生活中的不同场景提供便捷的自动设定，一键到位。针对有特定需要的用户，可以通过语音控制让床调整姿态或者实现应用，方便用户使用。

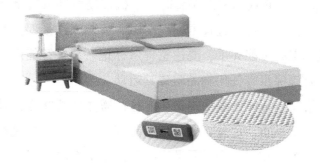

图 4-3 智能床

资料来源：南通觅睡方家居科技有限公司。

智能床监测健康状况，不干扰用户睡眠。通过智能传感器进行全方位实时监测，通过手机即可了解每天的睡眠质量，获得健康基础数据，当睡眠状况出现异常时进行提示。通过对这些数据的分析，医生可以掌握用户的身体变化，从而提供有效的健康改善建议。在睡眠过程中，智能床可以对打鼾者进行智能干预，感应到用户打鼾时会自动抬升背部角度，让用户呼吸更加顺畅，从而达到止鼾效果，鼾声停止后自动恢复原位，整个过程变化非常轻柔，不影响用户和家人的睡眠。通过健康监测，智能床还可以在用户浅度睡眠的适当时机唤醒用户，让用户睡到"自然醒"。

智能床非常便于使用，日常保养需要注意以下方面：

第一，智能床一般与床垫配套使用，如果床架和床垫均为选配，需要考虑两者是否能够配合使用。一般而言，弹簧床垫不适合智能床床架，智能床一般配套使用高弹性海绵、乳胶或高分子全透气材质的床垫。

第二，智能床姿态调整时，电机推动背部或腿部抬升或下降，床架运动过程中存在空隙，智能床连接部分和床面支撑点有可能夹手，要注意提示标记。调节智能床位置前，要确保没有任何物品阻碍其运动。

第三，智能床采用排骨架支撑，需注意智能床设计的最大安全承重。尽量不要使床面局部受力重压，避免在床上蹦跳等动作对单个排骨条产生局部冲击作用。

第四，智能床的升降完全靠电机带动，应尽量避免频繁操控影响电机寿命。同时尽量不要在床架抬升、下降的过程中在床上做剧烈运动，以免对床架支撑系统造成额外的负载，因为冲击作用将对电机产生不良影响。

第五，可以根据家具摆放需要调整智能床的位置，在移动时尽量采用使用说明建议的方式，避免使运动部件受力，造成机械不能自如运动。

第六，床垫搬运时避免使床垫过度变形，尽量不要将床垫弯曲或折叠，避免使用锐角器具或刀具等划伤面料。使用前应先套好保洁垫或床笠，确保产品长期使用中的洁净健康。

第三节　智能床使用场景案例

1. 使用场景案例

全柔性支撑的智能床与全透气床垫结合使用，完全贴合人体自然生理曲线，可以提供最佳的脊柱支撑，能够营造最佳睡眠环境。我们以 MySleepArt 智能床为例介绍一下智能床的使用场景。

（1）放松舒睡

白领人群，工作压力大，睡眠时间越来越短。同时，患各种疲劳综合征的人也越来越多，头痛、肩颈痛、背痛、手足麻木、失眠等症状频发，疲劳得不到充分缓解，严重影响着人们的健康。使用智能床能够缓解疲劳，促进深度睡眠，有效恢复体能，使人精力充沛、积极自信地迎接每一天。

缓解疲劳模式下，床架腿部会自动调整到 15°左右，让身体处于缓解疲劳状态，腿部肌肉可以得到很好的放松，10~15 分钟之后，身体疲劳就可以消除。无论是因为忙碌奔波产生的疲劳，还是因为运动或者穿高跟鞋出现的小腿酸痛浮肿，只需在缓解疲劳模式下躺上 10～15 分钟，就可以快速消除。

深度睡眠是消除疲劳、恢复精神的最佳睡眠状态，智能床深度睡眠体验模式，可以帮助使用者更快速地进入深度睡眠状态。深度睡眠模式下，智能床的背部会调整到 10°左右，而床体其他部位依然是平放状态，让睡眠者可以更快速地进入深度睡眠。这个状态可以使睡眠者保持呼吸顺畅，促进深度睡眠。

如果使用者长时间不能入睡，智能床可以通过体征参数检测发现这种状况，自动播放舒缓音乐，通过灯光、气味等助眠环境的设定，帮助使用者分泌褪黑素，并同时适当调节人体睡姿，让使用者睡得更舒服，减少失眠困扰。

智能床感应到使用者打鼾时会自动抬升背部角度，使用者鼾声停止后床体会自动恢复原位，让使用者呼吸更加顺畅，保证使用者睡眠时氧气充足，促进健康睡眠。

（2）休闲享睡

不少人喜欢在睡觉之前看会儿书，但躺在床上看书没有靠背很不舒服。

智能床休闲模式下可以帮助用户以休闲姿势躺在智能床上读书、看电视或者使用手机。用户只需将智能床调节到阅读模式，床架腿部会自动调节到 30°，背部会调节到 50°，为使用者提供一个舒适的阅读状态。智能床还可以与音箱联网，自动播放音乐，为使用者营造自在的阅读体验。也可以调节床架角度，满足端坐、后躺或仅将脚部升起等需求，减轻使用者的颈部压力。无论是玩手机、看电视还是看书，智能床都能帮使用者找到最舒适的姿势，乐享睡前休闲时光。

智能床能与周边设备联网，睡意袭来时使用者只需通过语音控制，就可以操作灯光或电视、空调等设备，或者智能床通过睡眠监测功能判断使用者已入睡后，可以自动控制这些设备。

（3）保健康睡

针对受各种慢性疾病困扰的老年人群，智能床可采用"保护性"睡姿，这对缓解不适症状，促进康复极为有益。孕妇或者行动不便的病人躺在床上久了身体累，可以通过智能遥控抬起背部，给身体提供舒适的支撑，使身心处于放松状态，并且方便上下床。此外，一些具备护理功能的智能床，对行动不便的卧床老人，具有防止生褥疮的功能，能够帮助老人进行护理。

面对需要采用保护性睡姿的疾病，智能床调整方法如下：

冠心病：建议采用头高脚低右侧卧位，头侧比脚侧高 10°~15°，可减少下腔静脉回流的血液量，利于心脏休息。

脑血栓：最佳睡姿是仰卧，枕头最好高 5cm，不宜过高或过低，以保证颈动脉不受压迫，使脑部供血充足，利于病情恢复。

心衰：半躺半坐的睡姿最好，既能改善肺部血液循环，减少肺部瘀血，还可增加氧气吸入量，有利于缓解心悸、胸闷、气喘等不适症状。

食管疾病：反流性食管炎患者应仰卧睡觉，建议枕头高度为15cm左右，这有助于减轻胃液反流。

胸腔和肺部疾病：肺气肿患者宜仰卧，并垫高枕头，以保持呼吸道通畅；哮喘患者在哮喘发作时不能平躺，宜用半卧位，以减轻呼吸困难；有咯血症状的患者，宜采用患侧卧位，防止血凝块阻塞支气管，引起呼吸困难。

静脉曲张：把脚稍垫高，使脚在水平位置上超过心脏的高度，有助于促进血液回流心脏，避免下肢静脉充血。

2. 智能床具未来发展趋势

健康与舒适是人类永恒不变的追求，单一功能的传统床具已不能满足现代人的生活要求，因此需要从睡眠系统整体的角度去探究智能床未来的发展。

不管科技如何发展进步，对于健康的保护与改善永远是床具发展的重点。睡眠过程对人体健康有重要的影响，睡眠质量不高或失眠等现象将使身体机能得不到有效的恢复，诱发很多慢性疾病，因此需要持续对促进睡眠、改善睡眠质量的方法进行深入研究。当人处于睡眠状态时，智能床应该是一张具有感知和动态调整功能的床，能帮助用户减轻身体压力，促进血液循环，帮助身体快速消除疲劳。智能床能自动感知人体的状态和身体健康信息，通过各种智能传感器检测并判断人处于清醒还是浅睡眠、深睡眠状态，由此记录人体睡眠健康信息。睡眠的生理参数对于了解人体健康状态具有重要的价值。采集多种生理参数，进行长时间数据积累和分析，通过云端大数据分析进行智能判别，可以对人体的健康趋势进行预测，对健康不良状况进行预警。

在数字化普及的时代，如何恰当地将享受与娱乐需求融入床具设计中也会是今后床具设计的一个要求。未来的智能床将会为用户营造一个独立的空间，用户可以按自己的需求调节明暗光度，享受最舒适的光强。为了满足人们躺着看电影、玩游戏，甚至工作的需求，智能床可以安置大屏幕投影仪、音响系统等设备。卧室进入智能时代，必将给人们带来全新的生活体验。

未来床具设计无论是技术的运用，还是材料的使用，都将更加灵活。例如，水床、充气床可能通过智能化设计实现分区控制，对人体各个部位提供不同程度的支撑。除了床具本身，通过环境控制来打造完美的睡眠环境也是帮助睡眠的重要一环。使用环保绿色材料、进行可组合性和多功能设计等都是有益的尝试。然而没有任何一款床能适合所有的人，毕竟每个人的身体状况、体形特征不同，每个人的需求喜好、对舒适的感觉，以及对布料、材质的感受也不尽相同，因此一张合适的床是因人而异的，个性化定制床具将会是不容忽视的需求。未来的智能床，不仅能提供个性化的舒适体验，也能帮助我们了解自己的健康状况，在此基础上，还会给我们提供休闲，带来享受，创造温情。在不久的将来，智能床或将成为真正的"大众产品"。

小贴士

如何选择智能床垫

现在市面上有很多智能床垫，我们在购买前要先考虑自己为什么要购买智能床垫。如果是为了听音乐，那就去选择音质比较好的床垫。如果是为了监测睡眠质量，那就选择传感器敏感和数据准确的床垫。但不管选什么床垫，都不只是为了追求智能化，床垫本身是否舒适仍然至关重要，所以最好能去购物现场试试，看看床垫软硬度和材质是否适合自己。

第五章

营造轻松入眠好环境

俗话说，"一夜好睡，精神百倍；彻夜难眠，浑身疲惫"。失眠预示着潜在的疾病，损耗着身体的机能。睡眠质量差是目前全球健康的大敌，美国梅奥医疗集团睡眠中心主任医师蒂姆博士指出，全球有 30%~35% 的人有过短暂失眠的经历，而患有慢性失眠的人占 10%。在生活节奏加快、职场压力加大的当下，中国青年睡眠现状如何呢？由中国睡眠研究会发布的《2017 年中国青年睡眠现状报告》显示，24.6% 的青年人在睡觉这件事上"不及格"，高达 94.1% 的青年人的睡眠状况与良好水平存在差距。调查显示，九成青年人在睡前离不开电子产品，青年人更喜欢在睡觉前追剧；另外还有四成青年人有睡眠拖延症，以至于睡觉的时间越来越晚。从地域上看，北上广等一线大城市的人群更希望"好好睡一觉"。

正常的睡眠除了受人体生理和生物节律等因素影响外，还会受到睡眠环境的直接影响。睡眠环境主要包括几个方面：入睡时宏观环境、心理环境、睡眠微环境和卧室环境。其中，心理环境是指人在睡眠时的想法、感受、情绪等自身主观因素；睡眠微环境是指睡眠时人体和寝具之间所形成的"床被气候"，可以通俗理解为被窝的温湿度和清洁、舒适度；卧室环境是指室内的颜色、光线、声音、温湿度和清洁度等。营造良好的睡眠环境是保障睡眠的第一道屏障，本章将详细论述这几个方面对睡眠的影响以及有针对性地提出改善睡眠的措施，帮助大家更轻松地入睡。

第一节　睡眠宏观环境

睡眠是人最重要的生理需求，同时也必须顺应天时这个大的宏观环境。

1. 调整好睡眠生物钟

一个人要有好的睡眠状态，关键要调整好自己的生物钟，即生活要有规律，该吃饭的时候吃饭，该睡觉的时候睡觉，"日出而作，日落而息"，而且躺下去就能很快入睡。失眠多是生物钟发生紊乱造成的。长期失眠使人体力衰退、头昏头痛、皮肤干燥、眼圈发黑，免疫功能也会随之下降，甚至还会诱发抑郁症、焦虑症等精神疾患。

2. 找出并消灭睡不好的原因

睡不好的原因多种多样，有躯体疾病、情感因素、生活方式、环境因素以及药物因素等，找出问题的根源，才能对症下药。

（1）躯体因素

常见的影响睡眠的躯体因素有消化不良、头痛、背痛、关节炎、心脏病、脑血管病、哮喘、鼻窦炎、消化性溃疡等。躯体疾病和服用药物也会影响睡眠质量，如果人长期患有某种身体疾病或在一段时间内一直服用某种药物，其睡眠会受到一定影响。如果有躯体疾病，建议去医院检查，与医生一起探讨解决的办法。即便某些慢性病一时无法治愈，就医也可能会找到较好的方法去缓解其对睡眠的不良影响。

（2）情感因素

当人心理压力很大，紧张或抑郁、焦虑、生气时，很容易出现睡眠问题。情况严重的，应主动就医，寻求医生的帮助。

（3）生活方式因素

常见的引起睡眠问题的生活方式有：饮用咖啡、茶，晚间饮酒，睡前进食或较晚进食，大量吸烟，睡前剧烈运动，睡前过度精神活动，白天活动量太小，夜间工作，白天久睡，上床时间不规律，起床时间不规律等。如果是生活方式的问题，则我们完全可以通过改变不良生活方式来改善睡眠质量。

（4）环境因素

过度嘈杂、过于明亮、空气污浊、过度拥挤等都是影响睡眠质量的环境因素。如果是环境的原因，我们应设法改换环境。

3. 打造良好的睡眠环境

睡眠质量的好坏直接影响着一个人的健康水平。那么如何改善外界条件，拥有良好睡眠呢？众所周知，高星级酒店非常注重酒店的睡眠环境。

结合国内过半数五星级酒店的服务经验，我们将睡眠环境分为狭义的睡眠环境与广义的睡眠环境。酒店睡眠环境通常以枕芯为核心，再配置不同的面料、芯被、垫褥、床垫，组成一个客户直接体验的睡眠环境，这是我们通常所说的狭义的睡眠环境。除此之外，健康睡眠还与个人心理因素、室内环境等息息相关，我们将其定义为广义的睡眠系统。

广义的睡眠环境包括光线、声音、温度、湿度、色彩、睡前饮食、心理因素等。

(1) 光线

人体内的生物钟和生理节律受光的影响，光线通过控制松果体分泌褪黑素，影响人的睡眠和情绪。1980年，科学家莱维等发现高强度的光线可影响人类松果体释放褪黑素，这一发现进一步表明人类的生理功能明显受光线的影响。临床研究也证明，光照治疗对精神和情感障碍、睡眠障碍有效，其机制就在于光照可调节松果体分泌褪黑素。

研究表明，用强度为2 500勒克斯明亮光和强度为350勒克斯的绿光治疗夜间频醒、再入睡困难的失眠患者，可明显减少患者的频醒次数，同时减少失眠患者在床上的非睡眠时间，使睡眠效率提高90%，即增加了15~20分钟的睡眠时间。同时，用白光和红光治疗慢性睡眠障碍及与年龄相关的睡眠失调，可提高睡眠效率，但并不增加睡眠时间。研究还发现，460nm～480nm 的蓝光成分对于人体的生理学效应最为明显，光强在 400 勒克斯以上会产生明显的生理效应，并抑制褪黑素的分泌。

（2）声音

噪声级在 30～40 分贝是比较安静正常的环境；超过 50 分贝就会影响人的睡眠和休息；70 分贝以上会干扰人们谈话，让人心烦意乱、精神不集中；长期工作或生活在 90 分贝以上的噪声环境中，会严重影响人的听力，导致心脏、血管等方面疾病的发生。所以，一般建议睡眠环境噪声在 40 分贝以下。低于 30 分贝的噪声我们很难察觉，同时，对于隐形噪声也要有所关注。隐形噪声，是指一些低分贝的噪声，如未关电源的音箱和制冷时冰箱发出的低鸣，空调、风扇运转时的震动，钟表滴滴答答的声音等，都属于隐形噪声。一般此类声音的噪声级也在 40 分贝左右。

（3）温度

人体在 24℃环境中最易进入睡眠状态，室温略低有助于入眠，人体体温在入睡后会升高 1℃～2℃。

（4）湿度

人体最适宜的相对湿度是 60%～70%。使用空调或暖气时应注意维持室内的湿度，可以使用加湿器等散发蒸汽，可以穿吸汗性能好的睡衣，维持身体周围适宜的湿度。

人体最佳的吸氧湿度在 60%~90%，湿度太高，会引起人体不适，而且空气湿度长时间处在 70%~90% 时会助长霉菌的滋生，所以一般建议人体适宜的湿度保持在 65%~70%。

（5）色彩

心理学家以及颜色治疗学家认为，颜色能够极大地影响人的心情和行为，卧室的颜色也会影响人的睡眠质量，柔和色调最适合卧室。

（6）睡前饮食

多食富含松果体素的食物，如玉米、麦芽、番茄、香蕉等有助于睡眠。因为松果体素能让神经产生睡意。不饮用咖啡、浓茶，睡前用酸枣仁泡杯开水喝，或用酸枣仁煮粥，可以降低肾上腺素分泌。如果白天犯困，晚上睡不安稳，可以在睡前吃个馒头或面包。神经衰弱性失眠的原因主要是长期缺乏锌和铜，晚餐可适量吃一些鱼、虾等。

（7）心理因素

入睡之前，应该尽量放松自己的心情，从白天紧张忙碌的工作状态中脱离出来，如果心情不好，必定难以入眠或睡眠质量差。因此，入睡之前放松自己的心情十分必要，睡前看看书或者听听轻音乐，都能有效调节心情。

人体的睡眠是一个复杂的过程，一个好的睡眠环境，不仅仅意味着提供合适的寝具，还需要从饮食、心情等多方面进行调整，从而为睡眠健康提供足够的保障。

老年人睡得少是否正常

老年人睡得少是一种误解，老年人和年轻人一样需要充足睡眠。由于随着年龄的增长，老年人神经及机体功能退化，容易出现入睡难和早醒，才造成"睡得少"的假象，正确的解决方法是白天补觉。

第二节　入睡时个人的心理环境

"先睡心，后睡眼"是传统东方文化中十分强调的睡眠养生方法。其意在说明，想要拥有一个良好的睡眠，在睡觉之前一定要保持情绪的稳定，摒除一切喜怒忧思、烦恼杂念，放松精神，做到恬淡虚静，使大脑处于放松状态。内心安适才能让身体的各个组织和器官得到充分休息。《老老恒言·安寝》中说道："心欲求寐则寐愈难。盖醒与寐交界关头，断非意想所及。"这句话意思是说，你越着急睡觉，反而越睡不着，心不静，处于一种极度浮躁的状态，怎么能安睡呢？只有心静下来，消除一切杂念，身心两安，才能逐渐进入睡眠状态。

睡眠不好的原因分为生理性与心理性两种，大多数睡眠不好的原因属于心理性原因。由于人大多存在着这样或那样的焦急、压力，导致无法安心睡眠，因此心理疗法对大部分睡不着的人是有帮助的。

保持健康稳定的心理状态，要做到以下四点。

1. 学会纾解和释放心理压力

当今社会，人人都有来自各方面的压力，要学会释放和排解心理压力，否则就会郁闷成疾。经常参加各种社交活动，培养各种兴趣爱好，都是很好的缓解心理压力的方式，如听听音乐，参加各种运动（打球、散步、爬山、打太极拳），以及旅游、唱歌、跳舞、画画等，适度地宣泄，恰当地转移，能够缓解心理压力。

2. 心态平和，莫攀比

要培养良好的竞争意识和心理素质，开阔自己的视野，使生活充实；同时要克服自卑感，消除嫉妒心，不要总跟别人比，要和自己比，凡事只要自己努力就行了。

3. 睡前莫想太多事

明天的事，要么在上床之前想好，要么明天去想，上床后就安心睡觉，养成良好的睡眠习惯。

4. 多点阿 Q 精神和幽默感

人的一生不可能一帆风顺，就像大海，不可能总是风平浪静，人生有让人高兴、得意之事，也必然会有让人痛苦、烦恼之事。遇到痛苦、烦恼之事，要想到的是，生活本来就包含了酸甜苦辣。阿 Q 精神会让你淡然处世、笑对人生，心态平和了，睡觉自然香。

第三节　睡眠微环境

光、声、电磁波、温度、湿度、空气质量、空气流通速度等构成了睡眠环境的几个关键因素。本节将从睡眠微环境（人体与床被纺织品之间形成的"微气候"）入手加以说明。

家纺产品作为人体的第二层皮肤，其主要作用是使人体在睡眠过程中与外部环境之间形成的微环境保持相对适宜的热湿度。对于服装穿着热湿舒适性的研究，始于第二次世界大战期间基于军需军备的热湿舒适度的研究，后来逐步发展到对不同场合下服装穿着热湿舒适性的研究。经过 70 多年的研究，其已发展成为一个专门的研究领域。家纺产品和皮肤之间的微环境舒适度主要涵盖四个方面：温度、湿度、清洁度、触感。

1. 微环境的差异性

研究发现，舒适的睡眠微环境的温度为 29℃~32℃，相对湿度为 40%~60%。睡眠微环境的舒适度与季节、地域、人群、居室环境等因素有关。空调环境下，夏季环境温度宜控制在 26℃，相对湿度在 60%；秋冬环境温度宜控制在 23℃，相对湿度在 40%。在我国，地域和人群方面，冬季秦岭淮河以北的供暖家居条件下，室内温度宜在 23℃~26℃，相对湿度在 30%以内，北方人大部分属于热性体质，平均体温在 36.7℃左右，睡眠过程中易体感燥热；秦岭淮河以南无供暖，室内温度在 13℃~15℃，相对湿度在 75%，南方人大部分属于凉性体质，平均体温在 36.2℃左右，睡眠过程中易体感湿冷。男性的舒适睡眠温度低于女性；女性对稍冷的睡眠温度更加敏感，但是稍暖的温度对于男性来说难以忍受。

2. 微环境构建过程

在睡觉起始阶段，床品温湿度与卧室环境一致，但人体与床品接触瞬间就开始与床品交换热和湿，随后动态变化的温湿度微环境得以形成，此时冷热和干湿的体感直接影响人入眠的长短；另外，人体与床品的瞬间接触触感（手感、瞬间冷暖感）、清洁度（细菌、异味等）等因素也直接影响到人体的放松状态，影响入眠潜时的长短。

在睡眠阶段，人体心率降低到平稳数值，新陈代谢速度减慢，人体向家用纺织品散发湿和热，家用纺织品向环境传导湿和热。人体和家用纺织品之间的微环境保持动态的热湿平衡，适宜的睡眠微环境更有利于人体按照睡眠节律的规律完成睡眠过程。过热、过冷，或者干燥、闷湿的体感，容易令人从深睡转入浅睡，或者从浅睡转入清醒状态，并有可能导致多梦或者失眠现象，最终影响睡眠质量。

3. 微环境和家纺产品选择

（1）符合安全健康标准

纺织品在生产加工过程中要经过纺纱、织造、印染等工序，需要加入各种染料、助剂等整理剂，当整理剂中有害物质残留在纺织品中并达到一定量时，就会对人的皮肤、呼吸系统，乃至健康造成危害。因此，需要通过正规渠道购买有安全健康保障的品牌家纺产品。成人家纺床品需符合《国家纺织产品基本安全技术规范》B 类标准，婴幼儿家纺床品需符合《国家纺织产品基本安全技术规范》A 类标准。

（2）符合温湿度需求

温度和湿度作为人体舒适度的基本指标，因季节、地域、人群、居室环境不同而有明显差异。

在我国北方冬季，在有集中供暖的家居环境下，睡眠微环境偏干热，空气流通度较小，建议选择有良好吸湿、放湿、透气性能的家纺床品面料，比如手感松软的纯棉面料，尽量不要选择手感厚实的磨毛、拉绒产品；同时选择吸湿、放湿性较好的被芯填充物，如桑蚕丝、羊毛或棉絮。在我国南方沿海地区，冬季基本无集中供暖，家居环境湿度较大（甚至达 85%），睡眠微环境偏湿冷，空气流通度较大，建议选择瞬间接触有暖感、保暖性好的家纺床品面料，比如手感蓬松厚实的全棉生态磨毛面料、全棉阳光暖绒面料作为贴身床品套件，这些产品经过磨毛工艺，手感蓬松舒适，并且保暖效果较好；同时，被芯填充物可以选择羽绒、纤维等。

（3）符合清洁度需求

人体适宜的睡眠微环境基本温度为 29℃~32℃，相对湿度为 40%~60%，该条件同时也是细菌和螨虫滋生的温床。因此，有呼吸道过敏或者对螨虫过敏症状的人群尤其需要慎重选择和打理床品。应选择具有抗菌防螨功能的床品，同时注意勤换洗、晾晒床品（一般床品套件换洗周期不长于 7 天）。

（4）符合舒适触感需求

质轻、柔软、细腻的床品有利于人体放松。选择亲肤性好的材料搭配丰富的编织加工方法，根据季节变换选择不同保暖等级的床品，能帮助人体在适宜温度的舒适环绕中更快入眠。

4. 打造更科学的睡眠微环境

科学的睡眠微环境能更好地适应睡眠中人体的生理变化，在人体能量代谢减少，血压、体温、摄氧量下降，呼吸次数减少的睡眠过程中，维持人体所需的温度、湿度，以及清洁、舒适度，让睡眠过程更顺畅，从而帮助人体更快地恢复精力，提高睡眠效率。

我们知道，手脚发凉、湿闷都会导致人辗转反侧，难以成眠，所以控制卧床上的睡眠微环境中的温湿度十分重要。舒适的睡眠要求身体适度翻动，若温度高、出汗导致湿度提高，会使翻身次数增加，影响睡眠。因此，被窝的适宜温度应在 33±1℃，这也是皮肤的平均温度。随着寝具温度升高，皮肤表面放出水分，环境湿度则提高。温度稳定后，湿度也会稳定下来，最舒适的湿度为 50±5%（见图 5-1）。

"被要轻、褥要稳"，舒适的被褥要求具有保暖、轻、贴身、吸湿、透气等各种性能。床单、床罩除要求保暖、吸湿外，还要求触感好、有挺性、尺寸稳定性好。传统被褥的填充材料是棉花、丝绵等，20 世纪 70 年代出现了以合成纤维为主的喷胶棉絮。近年来出现了采用天然材料的趋势，人们喜欢用羽毛、兽毛防寒，因而出现了蚕丝被和羽绒被等。它们质轻、能自动调节温湿度，被称为"天然空调器"，很适合心脏病患者、怕热的婴幼儿等人群使用。

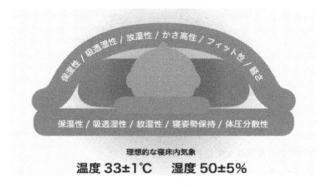

图 5-1　被窝理想温湿度
资料来源：江苏金太阳纺织科技股份有限公司。

最近，具有特殊功能的卧具商品不断涌现，如在卧具填充材料中加入能发射红外线的石墨烯（见图 5-2），人体吸收其能量可改善血液循环，促进睡眠和消除疲劳。香味卧具因在纤维中加入多种天然香精油而有镇静效果，可使人迅速入眠。结合利用电子与生物技术的睡垫能够通过变换器，改变音乐振动频率，人使用这种睡垫入眠快，醒后身心舒展，工作效率高。另外，枕芯高度、床铺面积、床架高度乃至睡床方位等因素，在某种程度上也或多或少会影响睡眠。从人类学和人体工学的角度考虑，越贴近身体的物品就越需要人性化设计，因此在国内，像"每晚深睡"这样以高效睡眠为研发方向的专业寝具品牌逐渐成为人们提高睡眠质量的新选择。

图 5-2　"每晚深睡"石墨烯红外床褥

资料来源：江苏金太阳纺织科技股份有限公司。

第四节　好睡眠需要好枕头

　　枕头起着支撑头部，将身体保持在自然状态，保证良好休息与睡眠的作用。人们至少有三分之一的时间是与枕头相伴而过的，它在我们的生活中扮演着重要的角色。而市场上的枕头种类繁多，对于不了解枕头的人来说根本不知道如何去选择，现在就告诉你如何选择一个合适的枕头。

1. 根据自己的睡眠爱好、需求选择

　　要根据自己的睡眠爱好选择，要明确自己是喜欢用软的材质、硬的材质，还是中性的材质，喜欢什么样的风格。同时结合自己的一些特别需求，如果有颈椎病，那就要选择一款稍硬并具有护颈功能的枕头；如果自己平时睡眠不佳，可以选择一款具有一定助眠功效的枕头。

2. 颈椎曲线决定枕头的高度

前面已经提到，因人体个体差异较大，每个人的最佳睡眠高度需要由自身颈椎的生理曲线决定。枕头过高和过低都会对颈椎造成影响，人们常说的"高枕无忧"是错误的。每个人对枕头的高度要求都有一定的差异，因此，需要选择适合自己的枕头高度。正常人更换枕头时，高度相差 1cm 左右问题不大，但如果是颈椎不适的人，就需要根据自己的颈椎曲线选择合适高度的枕头。贴合使用者颈椎的枕头，可以给颈部足够的支撑力，从而起到保护颈椎的作用。

3. 枕头要饱满蓬松

在选择枕头的时候，一定要看枕芯是否蓬松饱满，如果不蓬松饱满，往往使用后表面会不平整，同时枕芯在使用过程中容易移位，不能保证枕芯的有效支撑，给使用者造成睡眠不适。特别是使用硬的填充材料如纯荞麦壳的枕芯时，必须保证其不能位移。

4. 枕芯的压缩和回复性好

我们在选择枕芯的时候一定要选择压缩和回复性能好

的枕芯，这样才能保证枕芯长期使用后不会压缩变形。简单的测试办法就是用手往下按住枕芯，松开后枕芯能快速回复，说明枕芯的压缩回复好；反之，说明材质比较差。好的枕芯一般压缩回复率在80%以上。羽绒枕在各类枕头中，压缩、回复率、透气性是目前最好的。羽绒枕芯如果回复较慢，说明里面绒朵含量低，以毛片或者羽丝为主。

5. 面料的透气性好

枕头的面料一定要具有透气性，如果面料不透气，会影响枕头的舒适性。因为人在使用枕头的时候，与枕头直接接触的脸部需要散热，同时，面料的透气性也影响枕头的压缩回复性能。

附录
常见睡眠疾病科普

第一部分　失　眠

1. 失眠的定义

　　现代临床医学对失眠的认识存在局限性，但是医学家们已经开始根据临床研究，对失眠进行重新定义。2012年中华医学会神经病学分会睡眠障碍学组根据现有的循证医学证据，制定了《中国成人失眠诊断与治疗指南》，其中失眠是指患者对睡眠时间和（或）质量不满足并影响日间社会功能的一种主观体验。失眠的常见病症是入睡困难、睡眠质量下降和睡眠时间减少，以及记忆力、注意力下降等。

　　我们的睡眠时间每晚少于6个小时，就是睡眠过少；多于9个小时，就是睡眠过多。《中国成人失眠诊断与治疗指南》制定了中国成年人失眠的诊断标准：

　　第一，失眠表现为入睡困难，入睡时间超过30分钟。

　　第二，睡眠质量下降，睡眠维持障碍，整夜觉醒次数≥2次，早醒，睡眠质量下降。

　　第三，总睡眠时间减少，通常少于6小时，同时伴有日间功能障碍，比如：①疲劳或全身不适；②注意力、注意维持能力或记忆力减退；③学习、工作和（或）社交能力下降；④情绪波动或易激惹；⑤日间思睡；⑥兴趣、精力减退；⑦工作或驾驶过程中错误倾向增加；⑧紧张、头痛、头晕，或与睡眠缺失有关的其他躯体症状；⑨对睡眠过度关注。

2. 失眠的分类

（1）按病因分类

失眠按病因可分为原发性失眠和继发性失眠两类。原发性失眠通常缺少明确病因，也相对复杂，因此，这里我们谈的主要是继发性失眠。继发性失眠包括由于躯体疾病、精神障碍、药物滥用等引起的失眠，以及与睡眠呼吸紊乱、睡眠运动障碍等相关的失眠。

（2）按病程分类

1）急性失眠

急性失眠也叫短暂性失眠，病程≤1个月。大部分的人在体验到压力、刺激、兴奋、焦虑、生病、到达高海拔的地方时，睡眠规律改变时（如时差、轮班的工作等）等，都会有短暂性失眠障碍。这类失眠一般会随着事件的消失或时间的拉长而改善，但是短暂性失眠如处理不当，部分人会发展为慢性失眠。短暂性失眠主要治疗原则为间歇性使用低剂量镇静安眠药或其他可助眠之药物，以及好的睡眠卫生习惯。

2）亚急性失眠

亚急性失眠，也有叫短期性失眠，病程≥1个月，<6

个月。

严重或持续性压力，如重大身体疾病或开刀；亲朋好友过世，严重的家庭、工作或人际关系问题等可能会导致人出现短期性失眠。这种失眠与压力有明显的相关性。

治疗原则为短期使用低量之镇静安眠药或其他可助眠之药物，如抗忧郁剂，或者进行行为治疗（如肌肉放松法等）。短期性失眠如果处理不当也会导致人出现慢性失眠。

3）慢性失眠

慢性失眠一般病程≥6个月。

慢性失眠的原因比较复杂，许多慢性失眠是多种原因造成的。可能造成慢性失眠的原因如下：

● 身体方面的疾病（据研究许多慢性病皆能导致失眠）。

● 精神疾患或情绪障碍。

● 用药物、酒精、刺激物或毒品等。

● 有睡醒周期障碍或睡眠不规律。

● 睡前小腿不舒服，睡觉中脚会不由自主地抽动。

● 打鼾、不规律的呼吸或其他呼吸障碍。

3. 失眠的危害

正常的睡眠能够帮助身体更好地代谢，但是如果患上失眠症，就要引起重视了。失眠是一种危害性很大的疾病，长时间失眠还会导致多种疾病，所以我们千万不能忽视。临床资料表明，长期失眠的最大危害就是导致患多种疾病的风险上升，这些疾病包括心脏病、高血压、阿尔茨海默病、更年期综合征以及抑郁、焦虑障碍等。根据流行病调查，失眠患者中有 87.1% 的人患有高血压，而正常睡眠者中只有 35.1% 的人患有高血压。

睡眠不足，还可刺激胃腺，减少胃部血流量，降低胃的自我修复能力，使胃部黏膜变薄，易引发胃病及癌症等疾病。癌变细胞是在分裂中产生的，而细胞分裂多半是在人的睡眠中进行的，一旦睡眠紊乱、睡眠不足，就会影响正常细胞分裂，有可能导致细胞突变，产生癌细胞。

经常睡不好会带来压力，而人在压力下所分泌的激素则会使人长粉刺、面疮、斑点或其他不雅观的突起点。严重失眠或睡眠不好还会使人抗病毒能力减弱，引起脱发、掉牙，引发牙龈炎、牙周炎等炎症。

失眠有损大脑智力，经常失眠、长期睡眠不足或质量太差，可损伤大脑功能，使脑细胞衰退老化加快，并引发神经衰弱、脑血栓、中风等脑血管疾病。睡眠不好，会导致精神不振，无精打采，头昏脑涨，智力、记忆力下降，反应迟缓，思维迟钝，语言不清，思路不明，情绪消沉，精力无法集中，动作无法协调，工作效率降低。与此同时，失眠也是诱发抑郁、焦虑情绪的重要因素之一。新近一项针对 216 名慢性失眠患者的研究发现，46% 的失眠患者被诊断为精神障碍，其中抑郁障碍最为常见。

4. 失眠的常见症状

失眠不仅仅让很多人情绪不稳定，容易发脾气，情绪比较悲观，注意力不集中，思考力和判断力降低，还会引起很多疾病。

（1）健忘

长期失眠的危害最常见的可能就是健忘了，这是长期失眠使脑功能活动受到影响所致。长期失眠患者的注意力不能集中，更容易健忘。

（2）肥胖

一般人以为睡眠好的人容易发胖，但研究结果恰好相反，每晚多睡一小时有助减肥，而长期睡眠不足者令身体变胖的概率反而大大增加。

（3）小腿抽筋

失眠会引发不同程度的血液供氧不足，同时也容易导致肝脏出问题。当肝脏功能开始减弱时，身体的毒素便会堆积，进而影响到身体的筋腱部位，出现小腿抽筋状况。

（4）衰老

现代研究证明，人的皮肤健美与其睡眠状态密切相关。长期失眠令许多女性面色无光，皮肤晦暗、干涩，皱纹增多，出现黑眼圈、眼袋，长痘、长斑，形容憔悴等。长期失眠危害很大，特别是患有冠心病、心律不齐、高血压的老年人，夜晚失眠后，很容易猝死。有关资料显示，长年失眠的中老年人，容易出现高血压、心脏病、高血脂、阿尔茨海默病、神经衰弱、焦虑、精神紧张、寿命缩短等。美国医学专家对 100 万以上的成年人的睡眠进行了调查，最后将睡眠时间与死亡率之间进行了统计学处理，结果发现：每天睡眠七八个小时者的死亡率最低，超过或不足时，其死亡曲线便有上升。从获得的数据看，60 岁以上的男性老年组，如每天睡七至八小时，年死亡率约为40%；如不足四小时，死亡率平均上升到60%以上。

5. 影响睡眠的主要因素

（1）噪声、强光

手机、电视的光对视网膜有刺激，会引起神经兴奋，导致人睡不着。

（2）香烟、酒精

有部分人认为饮酒可促进睡眠，但实际上并非如此。饮酒后昏昏欲睡是中枢神经受损害的一种表现。所以，酒一定要少喝。香烟里面含有多种化学物质，对神经系统有刺激和麻痹作用，有些化学物质还会引起神经兴奋，会让失眠的人更睡不好。

（3）刺激性饮料

刺激性饮品，如咖啡、浓茶等对神经系统是有刺激和麻痹作用的，可导致睡眠质量变差。同时喝多了饮品，夜间容易起夜，导致睡眠片段化。

（4）吃夜宵

很多人都养成了睡前吃夜宵的习惯，尤其是上班族，更会经常加餐。但是，经常吃夜宵会加重肠胃负担，导致胃液增加，引发烧心，影响睡眠。同时，睡前如进食大量高油、高脂的食物，如烧烤、火锅类食物等，也会增加肝脏代谢负担，使脂肪堆积于肝脏中，加速脂肪肝的发生。

（5）精神压力和抑郁

思虑会使大脑兴奋，精神压力大、抑郁都会引起失眠。

6. 生活中对睡眠的错误认识

（1）"一定要睡够 8 小时，白天才能精力充沛"

每个人对睡眠时长的需求量是不一样的。根据世界卫生组织（WHO）公布的数据，平均睡眠时长在 6~8 小时/天的人群最为健康，平均寿命最长。但需要解释的是，6~8 小时/天是人一生中的平均值，不需要刻意要求自己每天都要睡到这么长的时间。睡眠时长需求在不同的年龄阶段是不同的，婴幼儿时期睡眠时长可达 12~20 小时/天，儿童期在 10~12 小时/天，青春期以后 8~10 小时/天，青中年期 6~8 小时/天，进入老年期以后每天的睡眠需求可以降到 6 小时以下。一年四季中睡眠量也有轻微波动。因此我们说，健康人的睡眠时间是有波动、有弹性的，千万不要背上"我需要睡 8 小时才能精力充沛"的思想负担，更不要为了刻意追求睡眠时长而服用药物。

（2）"我一晚没睡，第二天肯定支撑不住，要补觉"

生活中的压力、挑战或者不愉快，会使我们处于一种亢奋状态，有时甚至整晚睡不好。如果发生这种情况，不要紧张，我们不会因为一个晚上缺觉而"崩溃"，并不需要第二天采取"弥补措施"。遇到压力产生应激反应是身体的一种本能，此时肾上腺素系统会被激活，在激素的作用下，我们的思维会加快，各种感官会变灵敏，肌肉会变紧张，呼吸心跳会加快。这些反应有利于我们应对生活挑战，但也会妨碍我们进入睡眠状态。不过身体也有另一套应对体系，帮助我们维持平衡。当我们持续处于工作状态，身体保持坐位或者站立姿势时，脑部的腺苷会逐渐积累。腺苷水平的增高可以对抗活跃的激素系统，帮助我们恢复睡眠的欲望。因此，缺觉以后只要保持平日的工作作息状态，身体会慢慢恢复睡眠的需求。需要强调的是，腺苷与体位密切相关。如果我们刻意地增加次日躺卧的时间，虽然没有睡着，但腺苷会被排出体外。这样一来，身体内在平衡调节机制会被打乱，造成恢复睡眠需求的动力不足，反倒会导致失眠。

（3）"在床上待的时间越长，睡好的机会越大"

长时间待在卧室是失眠患者一种常见的生活模式。不少患者因为睡眠不好，天一黑就上床，上床以后睡不着，就在床上看书，看电视，玩手机……其实这种行为非常不可取。长时间卧床会在床和睡眠之间建立反向的联系。健康的睡眠模式是"我困了，上床睡觉"，睡眠和床是一对一的关系，我们看到床会条件性地产生睡眠的欲望。错误的行为模式则是在卧室或者床上完成和睡觉无关的事情，久而久之，当我们看到床的时候，身体做出的回应就不一定是睡觉，启动睡眠的概率会越来越小。正确的做法是只在有睡意时才上床睡觉，越是睡不好，越是要维护床与睡眠之间强有力的条件反射关系。

（4）"晚上运动过量，累了自然就能睡好"

体力活动的确有助于睡眠，但活动的时间却很有讲究。午前的运动有助于促进睡眠，但下午 3 点以后高强度的运动却会导致中枢体温升高，不利于入睡。所以，不主张有入睡困难问题的人在晚上安排高强度体育活动。除了体育活动，高强度的脑力活动也会促使人体温升高，呼吸、心跳加快，妨碍睡眠的启动。

（5）"借酒助眠"

喜欢借酒助眠的人不少，但失眠病人不宜睡前饮酒。酒精会使人的中枢体温升高，加快心率、呼吸和身体的代谢率，这些改变都不利于睡眠的连续性。人借助酒精或许入睡会快一些，但睡眠会变浅，变得断断续续，累计睡眠时间会缩短。

（6）"在床上看电视或手机才能睡着"

我们已经讲过床和睡眠条件反射关系的原理，在床上看电视或手机无疑是破坏床—睡眠之间和谐联系的因素。睡前看电视或手机还会造成卧室的光线污染。光照与人体生物钟之间已经建立了密切的联系：当人体处于光照环境中时，光线刺激视网膜，信号传入脑内的视交叉上核，后者促进下丘脑分泌褪黑素。褪黑素是人体内源性促进睡眠的重要物质之一。光照时间和褪黑素的产生，以及睡眠的启动有明确的时间对应关系：上午接受光照有利于促进夜间睡眠，而傍晚/夜间沉浸光照则会妨碍入睡。所以，夜间长时间看电视或手机，以及晚上不关灯睡觉的人，都会因受夜间光线的污染而使褪黑素系统遭到破坏，继而使睡眠受到影响。

7. 快速入眠的方法

- 不要想着一定要睡着，以免给自己增加压力。
- 睡前放松：散步等放松方法和适度的身体疲劳有助于睡眠。睡前 2~3 小时，可进行适度的有氧运动。
- 泡澡：睡前 1~2 小时进行。
- 睡前避免烟、酒、咖啡等。
- 尽量降低房间照明亮度。
- 使用辅助工具：重复经颅磁刺激治疗、经颅电刺激治疗，音乐、语音引导等。
- 不补觉、不午睡、不赖床。
- 白天适量运动：每天有氧运动 1 小时。
- 身心练习：身心放松，静坐正念呼吸，渐进式肌肉放松。

8. 失眠的治疗简介

（1）心理治疗、物理治疗和药物治疗

1）心理治疗

心理治疗包括心理咨询、认知行为治疗、正念治疗、家庭治疗、禅修等，这些方法都需要有专业医生或者治疗师指导治疗，建议大家就近咨询相关专业人士，本书不做具体描述。

2）物理治疗

物理治疗包括重复经颅磁刺激治疗、经颅电刺激治疗等。目前有研究证实，重复经颅磁刺激治疗和经颅电刺激治疗对治疗失眠有效果，但这些治疗要借助仪器和经医生指导才能开展，失眠者自身无法开展这些治疗项目。本书为科普读物，不涉及医疗处方治疗，在这不做具体介绍。

3）药物治疗

对于偶发性失眠人群，即失眠次数较少，每周失眠次数不超过 2 次的人群不建议使用助眠药物，通过心理调整和行为治疗方法调整即可。如果失眠者第二天有重大活动导致过度紧张无法入睡，可以去医院就医，遵从医嘱服用短效的助眠药物（说明：进行药物治疗要去医院就医，严格按照医嘱来服用药物。本书是科普书籍，为了避免读者按书服药，引起不良反应，具体药物我们不做描述，后面讲到药物，都会省略，请读者理解）。

对于长期失眠者（失眠次数较多、持续时间较长的人群，或者每周失眠次数超过 3 次，持续时间 3 个月以上），建议使用助眠药物，同时配合心理与行为治疗。助眠药物往往起效比较快，可以达到立竿见影的效果。但常言道"是药三分毒"，且很多助眠药有成瘾性，因此不建议长期服用。一般建议助眠药使用时间不超过 4周，所以用药一定要严格咨询医生，按医嘱服药或停药。

（2）催眠

催眠是指催眠师向被试者提供暗示，以唤醒被催眠者的某些特殊经历和特定行为。在催眠状态下，一个人可能经历"感知、思维、记忆和行为上的一些改变"，一旦意识和潜意识的矛盾冲突得到化解，身体、情绪状态都会得到极大的改善，睡眠自然也会好转。

1）声音催眠

声音催眠即通过听一些声音，使人体迅速放松，快速进入睡眠状态。这些声音包括：

● 自然界声音：风声、雨声、海浪声、青蛙声、雷电声等。

● 机械声音：车流声、机床声、切割声、捶打声等。

● 音乐：歌曲、乐曲等。

2）光催眠

光催眠即通过调节出某些特定的光环境，使人体迅速放松，快速进入睡眠状态。这主要包括：

● 低强度白光。

- 低强度蓝光。
- 低强度红光。
- 低强度绿光。

3）影催眠

影催眠即通过放映影视节目或投影出某些场景，使人体迅速放松，快速进入睡眠状态。这主要包括：

- 电视：情节及节奏性不强的电视节目。
- 夜景：昏暗的街道、社区等。

4）闻催眠

闻催眠即通过释放我们喜欢的各种香味来达到催眠效果。请在医生和专业人士指导下使用本方法。

5）饮催眠

饮催眠即通过饮用酒、牛奶、糖水等达到催眠效果。请在医生和专业人士指导下使用本方法。

6）食催眠

食催眠即通过食用巧克力等甜味食物达到催眠效果。请在医生和专业人士指导下使用本方法。

7）动催眠

动催眠即通过某些主动或被动动作，使人体迅速放松达到催眠效果，如轻轻摇摆、按摩、运动等。

8）体位催眠

体位催眠即通过改变体位，使人体迅速放松达到催眠效果，如躺在沙发或躺椅上。

小贴士

睡眠小技巧——五步法

北京大学第六医院孙伟博士与其团队在多年的失眠治疗实践中总结出了一套相对简化版的行为治疗法——五步法，帮助失眠者以行动改善睡眠。"上、下、不、动、静"五步疗法坚持21天，可改善失眠症，具体如下：

上：晚上定点上床（晚10:30）。

下：早晨定点下床（早5:30）。

不：不补觉、不午睡、不赖在床上做与睡眠无关的事情。

动：白天有氧运动1小时，推荐做"乐眠操"。

静：每天静心练习1小时，如身体扫描、正念呼吸等。

希望这小技巧能对失眠者有帮助。

第二部分 打 鼾

1. 怎么知道自己是否打鼾

我真的打鼾吗？做一做下列选择题，见表1。

表1 打鼾测试（一）

选 项	具体内容
是/否	身体肥胖，肚子大（除怀孕外）
是/否	鼻梁扁平
是/否	下颌小（下牙槽后缩），颈短粗，肥胖尤其明显
是/否	睡觉时打鼾，张口呼吸，频繁呼吸停止
是/否	颈围，男性超过40cm，女性超过38cm
是/否	睡觉时反复憋醒，辗转不安
是/否	白天嗜睡，工作、吃饭、开会时也难以抑制地入睡
是/否	经常感到疲倦
是/否	不由自主地肢体抽动，睡觉时有异常动作
是/否	记忆力减退、反应迟钝、注意力难以集中，工作或学习能力降低
是/否	晨起头痛
是/否	睡醒后血压升高
是/否	阳痿，性欲减退
是/否	脾气变得暴躁
是/否	抑郁
是/否	焦虑

续表

选　项	具体内容
是/否	经常夜间心绞痛或心律失常发作
是/否	经常夜间出汗、心悸、胸闷
是/否	夜间睡觉遗尿，夜尿增多
是/否	晨起口干舌燥
是/否	近期体重明显增加
是/否	胃食管反流，如反酸、烧心、反食等
是/否	慢性咽炎
是/否	慢性鼻炎
是/否	早晨起来咽部有烧灼感
是/否	夜间频繁咳嗽
是/否	父辈以上或兄弟姐妹有无打鼾者
是/否	贪食或食欲亢进
是/否	最近开车注意力不集中、犯困，或最近几个月出过交通事故（司机选）
是/否	体重增加，减肥效果差
是/否	怀孕时打鼾（女性选）

以上症状，选了 6 项以上"是"的，即可怀疑自己可能打鼾或者患有相关选项的疾病，这时应尽快到医院相应的科室，比如呼吸科、耳鼻喉科、口腔科、神经内科、睡眠科、心理科、心内科和鼾症门诊等就诊。

2. 我打鼾是否严重

若对上述选项将信将疑，你可以将手机或者其他带有录音功能的设备（注意：至少存储 4 小时以上睡眠时的呼吸声，根据经验，录音设备最少要有 2G 的可用存储空间），放在枕头边，从自己开始睡觉时记录，早晨起来播放。如果出现鼾声，再结合同床者的反应，便可对照下面的打鼾轻、中、重程度表，判断自己打鼾的严重程度，见表 2。

表 2　打鼾测试（二）

主要指标	正常	轻度	中度	重度
录音的情况	均匀的呼吸声，类似刚出生婴儿的睡觉呼吸声，约 20 分贝	均匀的呼吸声，类似蚊子从耳边飞的声音，约 40 分贝	不均匀的呼吸声，占总睡觉时间比例的 30% ~ 50%，类似马蹄声，约 70 分贝	呼吸声此起彼伏，没有规律可循，甚至经常半夜憋醒，有时从床上坐起来才能缓解，甚至坐着睡。类似小孩没有规律的乱弹钢琴声，鼾声如飞机起飞的声音，90 分贝以上
同床者的反应	你先睡着，她（他）也能很快入睡	你先睡，她（他）再睡，有时能快速入睡，有时很久才能入睡	同床的人经常被吵醒，同屋的人反映鼾声大	同屋的人或者同楼的人反映，你的鼾声太大，影响他们休息，甚至整栋楼都能听到你的鼾声
因睡觉声大，被同床的人叫醒	没有	没有	每月 3~8 次	经常，几乎每天
憋气时间超过 30 秒，一晚次数超过 20 次	没有	没有	每月 5~10 个晚	几乎天天晚上

根据声音我们分为以下四级：

一级：呼吸声细腻、均匀、平缓，颇有韵味。这一般属正常现象。

二级：呼吸声大多均匀、平和，偶尔不均匀；隔壁者听不到鼾声，同床者可以接受。该级属于轻度打鼾，打鼾者可以坚持锻炼，注意起居和饮食。

三级：呼吸声很不均匀，有一定的骚扰性，时而震耳欲聋，隔壁者可以听到明显的鼾声。该级大多为病理性的，打鼾者不但要坚持锻炼，注意起居和饮食，还要去医院做多导睡眠图监测，需要及时治疗。

四级：没睡觉时呼吸声就不均匀，坐着就打鼾，而且鼾声巨响，犹如战斗机起飞发出的呼啸声，隔壁的人基本没法睡。节奏混乱，时高时低，无规律可循，像小孩乱弹钢琴，突然有声，忽而无声，令人恐怖，夜间时常坐起或憋醒。该级打鼾者一定要去医院做多导睡眠图监测，同时看看有无其他的并发症。打鼾者很有可能已经疾病缠身，一定要治疗，以免发生生命危险。

除了上面的声音判断法，还可以使用脉搏血氧饱和度仪来判断打鼾的严重程度。如果脉搏血氧饱和度仪带有数据分析功能，能记录和存储血氧数据，则打鼾者自己就可以在电脑上进行分析；如果没有带分析软件的，可以请同床的人，分别在睡前、凌晨 1 点、3 点、起床这四个时间点用血氧饱和度仪测量，同时记录每次的血氧饱和度指标值。无论采用哪种方式，血氧饱和度指标值皆可参照表3，数值在哪个区间，就是对应的分级。

表3　使用脉搏血氧饱和度仪来判断的打鼾的严重程度　（%）

血氧饱和度百分比指标（SaO_2）	正常/一级	轻度/二级	中度/三级	重度/四级
$SaO_2 > 95\%$ 占总睡眠时间的比例	>98	>96	>88	>70
$SaO_2 > 90\%$ 占总睡眠时间的比例	>98	>98	>88	>60
$SaO_2 < 90\%$ 占总睡眠时间的比例	<1	>1	>10	>25
$SaO_2 < 85\%$ 占总睡眠时间的比例	<1	>1	>5	>10
$SaO_2 < 80\%$ 占总睡眠时间的比例	0	<1	>3	>5
$SaO_2 < 60\%$ 占总睡眠时间的比例	0	0	>0.5	>1
夜间最低 $SaO_2\%$	>90	85~90	80~84	<80

3. 打鼾的原因

打鼾（医学术语为鼾症、打鼾、阻塞型睡眠呼吸暂停低通气综合征），是指睡觉过程中，气流通过上呼吸道时，冲击咽部黏膜边缘和黏膜表面分泌物引起振动而发出的嘈杂声音。其产生的部位主要在鼻咽、口咽直至喉咽，包括软腭、悬雍垂（俗称小舌头）、扁桃体、腭咽弓、腭舌弓、舌根、咽部肌肉和黏膜等。有些重度打鼾者，可能会出现气道全部阻塞，不能发出声音，呼吸暂停等现象，这就是为什么我们会听到鼾声时高时低，突然又没声了的情况。

图1是正常人气道的结构和打鼾者气道的结构对比，图里圆圈标注的就是打鼾的关键部位。气道上有软腭、悬雍垂（小舌头），下有舌根部，后面是咽后壁。如果小舌头过长，扁桃体肥大，或是睡眠时软组织张力减小而松弛、舌根后坠，造成气道狭窄、塌陷，通气不畅，就会出现打鼾现象。

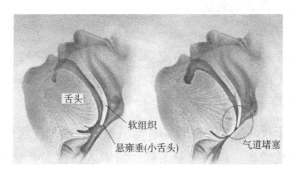

图1 正常人气道的结构（左）和打鼾者气道的结构（右）

虽然打鼾者的气道通常比正常人狭窄，但白天清醒时咽喉部肌肉代偿性收缩使气道保持开放，不发生堵塞，所以清醒时不会打鼾。另外，还有极少数人因为呼吸中枢的原因引起呼吸暂停，但一般没有鼾声，通常会出现早晨起来头痛等症状，这需要通过多导睡眠图监测才能检查出来。

很多人认为打鼾是一种普遍存在的睡觉现象，司空见惯，甚至把打鼾当成是睡得香的表现。其实打鼾是健康的大敌，会导致睡眠呼吸反复暂停，造成大脑、血液严重缺氧，形成低氧血症，从而诱发脑卒中、高血压、心律失常、心肌梗死、心绞痛等心脑血管疾病。更严重的是，如果夜间呼吸暂停时间超过 100 秒，打鼾者很容易发生猝死。

4. 打鼾者的表现

（1）白天的表现

1）嗜睡

轻者表现为日间工作或学习时间困倦、嗜睡；重者吃饭或与人谈话时即可入睡，开车时打瞌睡。

2）头晕乏力

由于夜间反复呼吸暂停、低氧血症，睡眠连续性中断，觉醒次数增多，睡眠质量下降，所以人在白天会感觉头晕乏力。

3）精神行为异常

注意力不集中，精细操作能力下降，记忆力和判断力下降，症状严重时不能胜任工作，老年人可表现为痴呆。

4）头痛

常在清晨或夜间出现头痛，多为隐痛，不剧烈，可持续30分钟以上，症状与血压升高、颅内压及脑血流的变化有关。

5）性格变化

烦躁、易激动和焦虑等，甚至可能出现抑郁症。

6）性功能减退

男性可出现性欲减退，甚至阳痿；女性可出现性冷淡。

（2）晚上的表现

1）打鼾

鼾声不规则，打鼾的过程往往是"鼾声→气流停止→喘气→鼾声"，且循环往复，一般气流中断的时间为20~60秒，也有的长达3分钟以上，此时患者可出现明显的嘴唇发绀。

2）呼吸暂停

打鼾者多有呼吸暂停情况，呼吸停顿会随着喘气、憋醒或响亮的鼾声而终止。

3）憋醒

呼吸停顿后忽然憋醒，常伴有翻身、四肢不自主运动，甚至抽搐情况，或忽然坐起来，感觉心慌、胸闷或心前区不适。

4）多动不安

因缺氧，患者夜间翻身较频繁。

5）多汗

患者睡眠期间出汗较多，颈部、上胸部出汗明显，与气道阻塞后呼吸用力和呼吸暂停导致的缺氧有关。

6）夜尿

部分患者夜间小便次数增多，或出现遗尿。

7）睡眠行为异常

主要表现为恐惧、惊叫、呓语、夜游和幻听等。

（3）体貌特征

大部分打鼾者外表肥胖，或颈部短粗，或肚子大（女性怀孕除外），或脸大，或鼻子扁平，或下巴小等。

5. 哪些原因易引起打鼾

当我们睡觉时，舌头、咽喉和口腔根部（软腭）的肌肉群会松弛，松弛的组织会使气道变得狭窄，呼吸时空气通过狭窄不畅的呼吸道时，气道内软组织或肌肉就会发生振动或颤动，形成鼾声。造成这种气道狭窄的主要原因如下：

（1）肥胖

肥胖是引起打鼾的最重要的原因之一，肥胖可加重机体的呼吸负荷。肥胖者吸气时胸腔内产生的负压可达4.90~5.88千帕（50cm~60cm水柱），比正常人要大得多。长期发展下去，机体对机械性、化学性呼吸刺激反应的敏感性会下降，呼吸中枢对呼吸的控制功能会降低，咽喉部组织会变得更松弛，更易出现打鼾。

（2）口腔局部水肿或结构异常

出现口腔局部水肿或者结构异常，比如扁桃体水肿或腺样体水肿、软腭水肿、舌体肥大、悬雍垂过长、咽喉松弛、舌后缀和下颌后缩（我们俗称的"小下巴"）等情况的人也易打鼾。在这种情况下，人在仰面睡觉时，舌头会向后坠入咽喉部，从而使气道变窄，气流部分受阻，增加呼吸时的振动，引起打鼾。

（3）鼻部异常

鼻部生理性异常也是引起打鼾的原因。例如，鼻部有过敏反应或者鼻中隔偏曲（鼻中间的隔膜弯曲）和鼻甲肥大等所致的鼻阻塞，引起鼻部狭窄，通过鼻部的空气受限，造成气流产生涡流或者堵塞，引起打鼾。

（4）年龄因素

随着年龄的增加，男性在40岁以后，女性在绝经期以后，咽喉部肌肉张力慢慢下降，体重增加，特别是颈部有脂肪沉积，上气道的肌肉及软组织松弛，加之控制上气道肌肉的神经系统功能衰退，易出现气道塌陷而引起打鼾。

（5）酒精与药物

酒精和某些药物（如镇静药）会影响中枢神经系统，导致肌肉（包括咽喉部肌肉）极度松弛。酒精引起的鼻黏膜充血等容易造成吸入气流产生涡流或者堵塞，引起打鼾。

（6）儿童时期发育不良因素

长期呼吸不畅会改变上气道的肌肉及颌面部的骨骼结构，从而影响上气道的形状及口径。少年儿童由于身体尚处于发育阶段，打鼾会引起类似佝偻病的鸡胸表现，胸廓下端内凹，颌面部发育异常等。同时，颌面结构发育不良又反过来会引起打鼾。所以，儿童有打鼾症状一定要及时治疗，不要影响了发育，耽误了孩子一生。

（7）雾霾因素

雾霾天气，空气中浮游的二氧化硫、氮氧化物，以及可吸入颗粒物和烟粒等有害物质，一旦被人体吸入会对人体的呼吸道造成伤害。雾霾中的有害物质会刺激并破坏呼吸道黏膜，使鼻腔变得干燥，造成鼻炎等鼻腔疾病；进入咽腔，易引起咽炎；吸入肺内还易引起慢性阻塞性肺疾病。因此，雾霾中的有害物质易使肺、鼻和咽腔隙变窄，进而引起打鼾。所以，大家在雾霾天气时要注意防护。

（8）其他因素

比如外伤、女性怀孕等也会引起打鼾。

6. 打鼾发展趋势图

图 2 是打鼾发展趋势图。

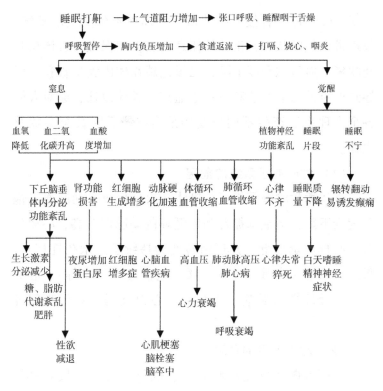

图 2 打鼾发展趋势图

从"打鼾发展趋势图"中不难看出，打鼾如果不及时治疗，会越来越严重，会像图中的箭头一样向下走，越往下方，表示越重，最严重的会导致猝死。所以，建议打鼾者尽早治疗。

7. 打鼾有哪些危害

打鼾对人体各个器官都有危害。由于患者睡觉时频繁出现呼吸暂停，直接导致缺氧，机体得不到充足的氧气，很难进入熟睡状态，正常的休息无法得到保证。机体长时间缺氧，血氧饱和度下降，二氧化碳在体内大量蓄积，可导致严重的低氧血症和高碳酸血症，长此以往，会对人体各个生理系统产生不同程度的危害，严重时甚至会危及生命。

（1）对心血管系统的危害

夜间睡觉时频繁打鼾，机体会出现低氧，动脉血氧饱和度会下降，造成肺循环和体循环的动脉压升高，心律失常，心排血量降低，并逐渐转变为持续性、永久性症状，最终导致心律失常（心动过缓、室性心律不齐等）、心肌缺血、肺源性心脏病、心绞痛、心力衰竭，甚至夜间猝死等。

（2）对脑血管的危害

打鼾者夜间反复呼吸暂停、低氧，使血小板聚集增强，血液黏稠度上升，血流缓慢，动脉硬化，易形成脑缺血、脑出血。目前医学界已将打鼾作为脑血管病的独立危险因素，打鼾者患脑血管病的概率为非打鼾者的2倍；打鼾也是中风的独立危险因素，中枢性打鼾在中风病人中检出率约7%。中、重度打鼾的老年中风者在接受基础疾病治疗的同时，采用家用无创呼吸治疗，可以降低心脑血管疾病发生风险。

（3）对脑神经系统的危害

约96%的打鼾的老年患者有不同程度的痴呆，明显高于非打鼾患者（42%），且痴呆程度与呼吸暂停指数呈明显正相关，临床表现为认知功能、记忆力、注意力、抽象思维等方面的功能均下降。

（4）对血压的危害

美国高血压防治指南《美国高血压预防、检测、评估和治疗全国联合会第七次报告》将打鼾列为继发性高血压的首位病因。人在打鼾时，间歇性低氧刺激颈动脉化学感受器，导致血压波动。呼吸暂停时，胸腔内负压迅速增高，增加心房、心室和主动脉的跨壁梯度，并使回心血量迅速增加、血压升高。长期慢性作用可使血管平滑肌增生、肥厚，导致夜间睡觉及醒后血压升高。打鼾的冠心病患者5年病死率比不打鼾的冠心病患者高24.6%。对打鼾者用呼吸机治疗，有助于降低冠心病病人的发病率和病死率，改善预后。

（5）对肺部的危害

打鼾可引发夜间哮喘或呼吸困难、急性呼吸衰竭、肺水肿和肺心病等。约10%的肺心病患者合并有打鼾，临床上称为"重叠综合征"，此类患者常出现更明显的低氧血症，易出现右心衰竭。打鼾者呼吸衰竭发展快，意识障碍明显，常伴右心衰竭，如病情较重，应及时治疗。

（6）对精神和心理的危害

打鼾者常伴发精神行为异常，表现为神经衰弱、抑郁症、躁狂症和癫痫等，睡觉时可能有惊叫、躁狂、腿动综合征等表现，部分人睡觉时有恐惧感，憋醒后有濒死感，容易出现性格改变。

（7）引起肥胖

肥胖和打鼾相互影响，互为致病因素。50%～70%的打鼾者有肥胖症，70%的肥胖者打鼾。打鼾时，瘦素明显升高，出现高瘦素血症，机体对瘦素的敏感性下降，导致肥胖。肥胖者上呼吸道狭窄，气流受限，更易导致打鼾，且打鼾者减肥效果较差。

（8）引发糖尿病

打鼾者夜间反复低氧，使糖原释放增多，糖的有效酵解减少，血糖升高，同时还造成胰岛素对机体的亲和力下降，产生胰岛素抵抗，增加糖尿病的发病率。因此，打鼾者空腹血糖增高、胰岛素抵抗和糖尿病的发病率远高于健康人群。

（9）引发胃肠道疾病

有研究统计，50%～76%的打鼾者出现过胃食管反流，容易引发反流性胃食管炎。打鼾者经呼吸机治疗后，反流症状明显减少。

（10）引发男性阳痿和女性性冷淡

打鼾时会缺氧，损害肾脏，表现为高尿酸、蛋白尿、夜尿增多，甚至会导致男性阴茎充血不足、勃起无力，发展为阳痿，或者导致女性阴蒂敏感性下降，引发性冷淡。

（11）引发其他疾病

血脂高、血小板增加、血液黏稠度提高、红细胞增多、免疫功能降低等疾病都与打鼾有一定的关系。研究表明，打鼾已成为众多疾病的独立危险因素。打鼾引发上述疾病，同时也可能是这些疾病的一种表现形式，互为影响，形成恶性循环。

（12）对社会公共安全的危害

打鼾对社会公共安全的危害是巨大的。打鼾是造成交通事故的原因之一。研究表明，如果以每小时 40 公里的速度开车，3 秒钟的嗜睡就足以导致致命车祸。打鼾的司机，交通事故的发生率是正常司机的 3~7 倍。因此，美国和其他一些西方国家的法律已禁止打鼾的人员从事驾驶或高空作业，并将多导睡眠图监测列为专业驾驶员的体检项目，检查不合格者，必须治疗，否则吊销驾驶证。

8. 打鼾的治疗

（1）睡姿法治疗

1）仰睡

仰睡时，身体和床的接触面积最大，能使头、颈以及脊椎处于自然的生理曲线（颈椎、胸椎、腰椎、尾椎这些部位有自然的弧度），人体最放松，身体和大脑血液循环比较好，能防止颈部和后背疼痛，降低胃酸反流的概率。

因打鼾引起胃食管反流的打鼾者可以仰睡，但建议戴上呼吸机，因呼吸机能帮助减轻胃酸反流，而且双重治疗，效果会更好。仰卧时，枕头会抬高头部，让胃处于食管的下游，这样胃酸和食糜想要逆流就没那么容易了。仰睡还能避免脸部皮肤产生皱纹，仰睡时脸部皮肤不受其他额外作用力的牵拉和干扰，大大降低了皱纹产生的概率。但孕妇、老年人以及小下巴、舌体胖大、软腭低、小舌头粗大（即悬雍垂水肿或充血）和肥胖的人，仰睡时肌肉放松，舌肌松弛后坠，舌根因重力作用后坠，会阻塞呼吸，导致上气道狭窄，加重打鼾或者引起打鼾。孕妇如果习惯于仰睡，可以买个侧睡枕，或者戴上呼吸机，防止加重打鼾。

2）侧睡

一般尽可能朝右侧睡，以免压迫心脏。侧睡可以防止咽部软组织和舌体后坠而阻塞气道，减轻颈部脂肪和胸部脂肪组织对上气道造成的压力，从而减轻打鼾。右侧睡不会压着心脏，心脏、肺和胃肠的功能不会受影响，肌肉能放松，肺的通气顺畅，可以保证身体在睡觉时所需的氧气，打鼾症状就会消失或者减轻，所以右侧睡是防止打鼾的最佳睡姿。

唐代著名医药专家孙思邈在其所著的《千金要方·道林养性》中说："屈膝侧卧，益人气力，胜正偃卧。"这种屈膝而卧的姿势强调"半侧卧"，保证了周身部位的放松、气血的顺畅、脏腑的通达。需要注意的是，侧睡的时候枕头不宜太低，否则会使颈部不适，容易落枕。选择右侧卧时，也要偶尔变换体位，防止压迫右臂致使右臂麻木。

现在市面上有侧睡枕（见图3），打鼾者可以买一个，既可以帮助睡眠，也可以避免压着手臂不舒服，同时治疗打鼾，治疗效果明显。

图3 侧睡枕

资料来源：江苏康乃馨纺织科技有限公司。

3）趴着睡

趴着睡可以使身体和床的接触面积最大，人体最放松，身体和大脑血液循环比较好。同时，趴着睡也可以减轻打鼾症状，但要配置特殊的床，比如按摩床，这样可以让舌体受重力作用往下坠。但趴着睡难以使脊柱保持舒适姿势，还会给关节和肌肉施加压力，刺激神经，导致疼痛。趴着睡还会引起颈部和背部疼痛，导致皱纹增多、女性乳房变形。对生殖系统也有一定影响，长期趴着睡会压迫阴囊，刺激阴茎，容易造成频繁遗精。

曾经看到一篇报道，讲的是日本一位百岁老人，每天趴着睡，他用三个枕头，睡觉时分别垫在腰部、两腿膝盖中间和额头前。他原来打鼾，但从50岁后，坚持每天趴着睡，就不打鼾了。他说这样像练习瑜伽一样：吸气时能吸得很深，呼气时能一点点呼出来。这对身体也是一种比较好的锻炼。

老年人或者不愿接受呼吸机和手术治疗的打鼾者，可以试试这种方法，但不提倡。

（2）背球治疗法

睡姿是长期形成的，要改变还是有一定难度的。一些打鼾者习惯了仰睡，很难改变。我们不妨试试背球治疗法。

在睡衣的背面缝一个袋子，袋子里放个网球（或者儿童玩的弹弹球、拳头大小的泡沫料），睡觉一仰就硌，因为怕硌，人就会侧睡了。这个方法简单、方便、实用、价廉，因睡姿引起轻度打鼾者可以试试。但这不是一个理想的治疗方法，因为翻身时常常会被硌醒，影响睡眠质量。市场上还有卖止鼾带的，不愿做侧睡袋的打鼾者可以买一根试试。

（3）选择合适的枕头

枕头的作用就是维持颈椎生理曲度，贴合头颈部曲线，使上呼吸道保持正常生理体位，保持咽部和上气道通畅。

多数打鼾者知道睡软枕头不好，躺下去头容易向后仰，使喉部肌肉过度紧张，从而加重打鼾症状，于是不少打鼾者便瞄上了较硬的枕头。但是过硬的枕头弹性差，枕下去不易变形，枕头会窝住脖子，使呼吸道的角度改变，呼吸不顺畅，从而会加重打鼾症状。打鼾者选择弹力过强的枕头也不好，这样头部不断受到外加的弹力作用，易产生肌肉疲劳和损伤，也会加重打鼾症状。还有些人会选用气枕、水枕或弹簧枕，使用这类枕头，在翻身或者头动的时候，头部和颈部会受到外力的冲击或者弹动，易使脖子附近的肌肉疲劳，呼吸道附近的肌肉群不能很好地发挥正常张力，从而引起打鼾或者加重打鼾症状。有的打鼾者夏天选择玉石枕、凉枕，但这些枕头太硬了，弹性差，不易变形，枕头会窝住脖子，使气道弯曲得厉害，这样上呼吸道附近的肌肉张力就会下降，呼吸就会不通畅，从而引发打鼾，甚至导致睡者憋醒或者憋得坐起来。因此，建议打鼾者选择软硬适度并且外形符合人体工学原理的枕头。

打鼾者不要睡高枕头。从生理角度上讲，枕头以高8cm～12cm为宜。枕头太低，容易造成"落枕"，或因流入头脑的血液过多，造成次日头脑发胀、眼皮浮肿；枕头过高，会影响呼吸道畅通。

（4）口腔矫治器

口腔矫治器也就是我们俗话说的阻鼾器，是一种比较温和的、无创的治疗轻度打鼾的医疗器械。但市面上卖的阻鼾器大多是半预成的口腔矫治器（见图4），建议还是去医院，在专业医生的协助和指导下佩戴。

1）佩戴口腔矫治器前的检查

● 到口腔科详细检查，拍口腔牙片等，检查口腔黏膜、牙齿和牙列，排除禁忌症。

● 做多导睡眠图监测。

2）配制口腔矫治器（见图5）

● 取口腔牙列印模和灌注石膏模型。

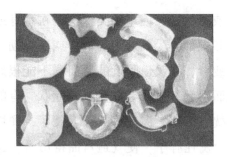

图4 口腔矫治器

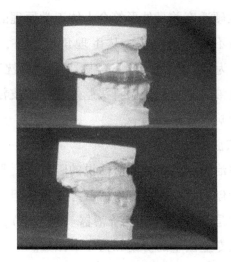

图5 配制口腔矫治器

- 根据石膏模型，制作口腔矫治器。
- 试戴和调整，时间约为一周。

3）口腔矫治器的优缺点

优点：安全无创、简单、价廉和携带方便。睡觉时戴上口腔矫治器，会将下颌限制在一个合适的前伸位，防止舌体后坠。可改善轻度打鼾。

缺点：会引起颞下颌关节不适，需要长期佩戴，对重度打鼾改善不明显。佩戴矫治器之初，可能会出现上下牙咬合不适，上下颌肌肉和部分牙齿酸痛，口水多，甚至头痛等不适感。

4）哪些打鼾者不能戴口腔矫治器

● 牙齿松动、假牙数量多和有严重的牙周炎的打鼾者。

● 颞下颌关节功能紊乱，颞下颌关节戴上疼痛，张口受限和下颌关节易脱臼的打鼾者。

● 全口牙缺失，固定不好的打鼾者。

● 婴幼儿和青少年等处于发育期的打鼾者，避免戴后影响正常的发育。

5）适应人群

适用于轻度打鼾者，特别是有轻度下颌后缩者。很多做完悬雍垂腭咽成形术的打鼾者，为了加强治疗也可以配一个矫治器辅助治疗。也适用于经常出差的打鼾者。

6）口腔矫治器的保养

口腔矫治器应置于干净、阴凉和干燥处。每天用牙膏像刷牙一样清洁一次，再定期用义牙清洁剂短时间浸泡清洗，浸泡液温度不得超过90℃。使用前还要用清水充分清洗干净，以免细菌感染口腔。

7）复查和使用年限

口腔矫治器一般使用期限为1~2年，爱护得好的话，能用得久点，但建议还是一年左右更换，这样效果会更好。建议每半年到原配制口腔矫治器的口腔科复查，检查有无增加牙周病，并做多导睡眠图监测以检验疗效。

（5）**其他辅助治疗**

轻度打鼾者，一般不用做外科手术。如果是小舌头等有轻微水肿，可以选择低温等离子射频治疗术，但要在手术前进行严格的睡眠监测和其他检查，严格评估，明确睡眠时发生阻塞的部位，这样才能取得良好的效果。下面简单介绍低温等离子射频治疗术。

1）原理与方法

采用激光和射频等离子术，使软腭、小舌头和舌体胖大处发生局部坏死而缩小，减轻气道阻塞，达到减轻打鼾症状的作用。

2）分类

● 射频软腭缩小术：适合 18～60 岁，习惯性打鼾，上呼吸道主要阻塞部位在软腭水平的打鼾者。

● 射频下鼻甲黏膜下部分切除术：适合 18～65 岁，因下鼻甲肥大而导致打鼾的打鼾者，比如由慢性鼻炎、血管运动性鼻炎或过敏性鼻炎引起的下鼻甲肥大者。

● 射频舌根缩小术：适合 18～60 岁，气道阻塞部位主要在舌根、经腭咽形成术失败的打鼾者。

3）优缺点

优点是基本上无痛苦，不出血或出血少，操作简单，方便快捷，不用住院，仅需 15～20 分钟就可以完成。缺点是对软组织有创伤，且是不可逆的，有时会破坏舌体味觉。

4）禁忌症

下颌过小、有软腭手术史、有急性鼻炎、有急性鼻窦炎、有鼻腔肿瘤、正在接受鼻腔放疗、有凝血障碍、原有慢性呼吸功能障碍、有吞咽障碍及孕妇和佩戴有各种起搏器等打鼾者均不能做低温等离子射频手术。

（6）持续正压通气治疗

持续正压通气治疗，俗称呼吸机治疗、家用无创呼吸机治疗、无创通气治疗等，是治疗打鼾的良好选择。

第三部分　睡眠好习惯

睡眠充足是保持健康的好习惯，生活中压力太大往往会导致一个人睡眠质量不高。下面介绍几种提高睡眠质量的好习惯，希望大家都有好睡眠、好身体！

- 睡觉前 1 小时放下手中的工作，不要做也不要想。关掉手机、电视和电脑，眼睛看太多的屏幕会疲劳和敏感，使我们难以入睡。

- 睡觉前不要喝咖啡、吸烟、喝酒、吃油炸食品，这些会不同程度地使人兴奋和影响睡眠。如果真的需要喝点东西，那就选择白开水或牛奶。

- 睡前洗澡。根据季节调整水的温度，在天冷的时候，用温水；天热的时候，可以选择冲凉。

- 调节室温。有条件的可以把室温调到人体适宜的温度，一般是 23℃~26℃。

- 伸展放松。睡觉之前，平躺在床上，从脚趾、脚踝到脖子和指尖，先紧张肌肉，然后放松，重复几次。

- 听轻音乐。轻音乐可以使人情绪舒缓，让人更容易入睡。可选择伴有海浪声、风吹树叶沙沙声等的轻音乐。

- 在床上摆出舒服的睡觉姿势，从背部以及肩膀开始调整，直到找到舒服的位置。

- 练习深呼吸，慢慢扩张胸腔，吸入空气，然后憋气一会，再慢慢地让空气呼出。重复五六次，身体会更加放松，可以帮助睡眠。

- 如果躺在床上一直睡不着，那可能是因为太紧张了而无法睡着。如果是这种情况，那就起床，在房间里走上两圈，舒展一会儿，再躺在床上睡觉。

- 控制睡眠时间，保证有效睡眠。自己写一个月的睡眠日志，确定适合自己的睡眠时间和时长，保持有效的睡眠时间，建议成年人睡眠时间每天不低于 6 小时，不高于 8 小时。

后　记

坚持自我锻炼、自我修复、自我调整、自我治疗、自我康复、自我完善，相信大家都能枕出好颈椎，享受深睡眠。

爱生活，爱未来！如果大家觉得本书对改善睡眠有用的话，请关注我们的微信公众号"枕边深睡眠蓝宝书"。

本书是由多位编者合作汇编而成的，每位编者根据自己的研究，从不同角度阐释睡眠问题或者介绍对保持好睡眠有益的睡具，因时间和水平有限，不足之处在所难免，敬请读者朋友谅解。同时请各位读者朋友多提建议，有好的建议和治疗失眠的好方法请直接给我们微信留言。建议和方法一经采纳，我们将会在再版时加入，并且免费送您一本再版的新书。

本书为科普书，因而未单列"参考文献"，引用的图片和文字有少量来自网络，无法联系作者。如有版权问题，可搜索添加微信号 a13811866491 联系我们。我们将及时更改。望理解，谢谢！

感谢您阅读完《枕边深睡眠蓝宝书》！祝愿大家科学睡眠，绿色睡眠，健康睡眠，好梦相伴！